U0366014

Autodesk Revit Architecture 2011
建筑施工图设计实例详解

柏慕培训　组织编写

中国建筑工业出版社

图书在版编目（CIP）数据

Autodesk Revit Architecture 2011 建筑施工图设计实例详解/柏慕培训组织编写.—北京：中国建筑工业出版社，2010.10

（Autodesk授权培训中心（ATC）推荐教材，柏慕培训BIM与绿色建筑分析实战应用系列教材）

ISBN 978-7-112-12560-9

Ⅰ.①A… Ⅱ.①柏… Ⅲ.①建筑制图–计算机辅助设计–图形软件，Revit Architecture 2011 Ⅳ.①TU204

中国版本图书馆CIP数据核字（2010）第197848号

Autodesk 授权培训中心（ATC）推荐教材

柏慕培训 BIM 与绿色建筑分析实战应用系列教材

Autodesk Revit Architecture 2011 建筑施工图设计实例详解

柏慕培训　组织编写

*

中国建筑工业出版社出版、发行（北京西郊百万庄）

各地新华书店、建筑书店经销

北京嘉泰利德公司制版

廊坊市海涛印刷有限公司印刷

*

开本：787×1092毫米　1/16　印张：14　字数：350千字

2011年3月第一版　2016年8月第三次印刷

定价：**39.00**元

ISBN 978-7-112-12560-9

（19833）

Autodesk Revit Architecture 2011 软件是 Autodesk 公司 BIM 系列软件的全新升级产品，旨在增进 BIM（Building Information Model，建筑信息模型）流程在行业中的应用。它带给建筑师的不仅是一款全新的设计、绘图工具，也将建筑业信息技术推向又一个高峰。

　　本书丢掉以往单纯讲解软件功能的方式，结合实际案例和软件相关功能着重讲解 BIM 在方案设计、规划设计以及施工图设计中的应用，并且介绍了柏慕进业多年在实战中累积的技巧和方法。

　　本书主要包括三个部分，第一部分方案设计，分别从体块和平面两个方面入手来做方案设计，同时加入经济技术指标分析和绿色建筑可持续分析；第二部分规划设计，介绍了场地设计及场地的经济技术指标分析；第三部分施工图设计，讲解了从方案深化到施工图的具体方法，并且介绍了柏慕进业多年用 BIM 做施工图的经验技巧和方法体系。

　　本书适合于有一定建筑知识，建筑学、城市规划、建筑环境与设备工程等专业的高校学生作为教材使用，也适用于与建筑业有关的工程与设计人员参考。

＊　　＊　　＊

责任编辑：牛　松　陈　桦
责任设计：赵明霞
责任校对：张艳侠　赵　颖

本书编委会

主　任：黄亚斌　雷　群　樊　珣　林　剑

副主任：徐　钦　袁海波　姚金杰　袁　青　桑运涛
　　　　代春缘

委　员：（按姓氏笔画为序）

丁延辉　王一平　王津红　王崇恩　王淑梅

王德伟　孔黎明　史学民　任彦涛　刘芄明

刘援朝　许莹莹　李琳琳　杨海林　杨绪波

吴　杰　张育南　陈艳燕　赵　武　赵灵敏

胡　艳　徐友全　栾　蓉　高力强　崔　凯

章　恺　葛英杰　董　真　蔡　华　廖小烽

霍拥军　操　红

前　言

1982 年成立的 Autodesk 公司已经成为世界领先的数字化设计和管理软件以及数字化内容供应商，其产品应用遍及工程建筑业、产品制造业、土木及基础设施建设领域、数字娱乐及无线数据服务领域，能够普遍地帮助客户提升数字化设计数据的应用价值，能够有效地促进客户在整个工程项目生命周期中管理和分享数字化数据的效率。

欧特克软件（中国）有限公司成立于 1994 年，15 年间欧特克见证了中国各行各业的快速成长，并先后在北京、上海、广州、成都、武汉设立了办公室，与中国共同进步。中国数百万的建筑工程设计师和产品制造工程师利用了欧特克数字化设计技术，甩掉了图板、铅笔和角尺等传统设计工具，用数字化方式与中国无数的施工现场和车间交互各种各样的工程建筑与产品制造信息。欧特克产品成为中国设计行业的最通用的软件。欧特克正在以其领先的产品、技术、行业经验和对中国不变的承诺根植于中国，携手中国企业不断突破创新。

Autodesk 授权培训中心（Autodesk Training Center，简称 ATC）是 Autodesk 公司授权的，能对用户及合作伙伴提供正规化和专业化技术培训的独立培训机构，是 Autodesk 公司和用户之间赖以进行技术传输的重要纽带。为了给 Autodesk 产品用户提供优质服务，Autodesk 通过授权培训中心提供产品的培训和认证服务。ATC 不仅具有一流的教学环境和全部正版的培训软件，而且有完善的富有竞争意识的教学培训服务体系和经过 Autodesk 严格认证的高水平师资作为后盾，向使用 Autodesk 软件的专业设计人员提供经 Autodesk 授权的全方位的实际操作培训，帮用户更高效、更巧妙地使用 Autodesk 产品工作。

每天，都有数以千计的顾客在 Autodesk 授权培训中心（ATC）的指导下，学习通过 Autodesk 的软件更快、更好地实现他们的创意。目前全球超过 2000 家的 Autodesk 授权培训中心，能够满足各地区专业设计人士对培训的需求。在当今日新月异的专业设计要求和挑战中，ATC 无疑成为用户寻求 Autodesk 最新应用技术和灵感的最佳源泉。

北京柏慕进业工程咨询有限公司是一家专业致力于以 BIM 技术应用为核心的建筑设计及工程咨询服务的公司。其中包括柏慕培训、柏慕咨询、柏慕设计、柏慕外包等四大业务部门。

2008 年，柏慕中国与 Autodesk 建立密切合作关系，成为 Autodesk 授权培训中心，积极参与 Autodesk 在中国的相关培训及认证的推广等工作。柏慕中国的培训业务作为公司主营业务之一一直受到重视，目前柏慕已培训全国百余所高校相关专业师生，以及设计院在职人员数千名。

柏慕培训网 www.51bim.com 还提供相关视频教程，方便远程学习。同时不断增添族和样板文件下载资源，还分享了许多相关技术要点。目前柏慕网站已集结了近万名会员，共同打造最全面、深刻的 BIM 技术学习及交流平台。

柏慕中国长期致力于 BIM 技术及相关软件应用培训在高校的推广，旨在成为国内外一流设计院和国内院校之间的桥梁和纽带，不断引进、整合国际最先进的技术和培训认证项目。另外，柏慕中国利用公司独有的咨询服务经验和技巧总结转化成柏慕培训的课程体系，邀请一流的专家讲师团队为学员授课，为各种了解程度的 BIM 技术学习者精心准备了完备的课程体系，循序渐进，由浅入深，锻造培训学员的核心竞争力。

同时，柏慕中国还是 Autodesk Revit 系列官方教材编写者，教育部行业精品课程 BIM 应用系列教材编写单位，有着丰富的标准培训教材与案例丛书的编著策划经验。除了本次编写的《柏慕培训 BIM 与绿色建筑分析系列教程》，柏慕还组织编写了数十本 BIM 和绿色建筑的相关教程。

为配合 Autodesk 新版软件的正式发布，柏慕中国作为编写单位，与 Autodesk 密切合作，推出了全新的《Autodesk 官方标准教程》/《Autodesk 授权培训中心（ATC）推荐教材》系列，非常适合各类培训或自学者参考阅读，同时也可作为高等院校相关专业的教材使用。本系列对参加 Autodesk 认证考试同样具有指导意义。

Autodesk，Inc. 柏慕中国

目　录

第三部分　施工图阶段

　　本书中提到的光盘中的练习文件，可在 www.51bim 上查找学习，还有相关视频教程方便远程学习。有疑问可联系柏慕培训服务电话 400800597。

第 一 部 分

基本知识 •

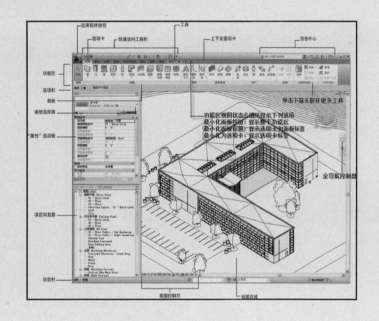

第 1 章 Autodesk Revit Architecture基本知识

概述：在本章节中，我们将初步熟悉 Revit Architecture2011 的用户界面和一些基本操作命令工具，掌握三维设计制图的原理。

1.1 工作界面介绍与基本工具应用

Revit Architecture 2011 界面与以往旧版本的 Revit 软件的界面变化很大。如类型选择器与"属性"选项板组合在一起，一直处于打开状态；可以使用"属性"功能区面板中提供的"属性"选项板按钮来打开 / 关闭。面板已移出功能区，但可以在调用时悬浮于绘图区域中。默认位于绘图区域左上角，可以移动。界面的变化其主要目的就是为了简化工作流程，在 Revit Architecture 2011 里，只需单击几次，便可以修改界面，从而更好地支持您的工作方式。例如，可以将功能区设置为三种显示设置之一，还可以同时显示若干个项目视图，或按层次放置视图，所以仅看到最上面的视图（如图 1-1 所示）。

1.1.1 应用程序菜单

1）应用程序菜单提供对常用文件操作

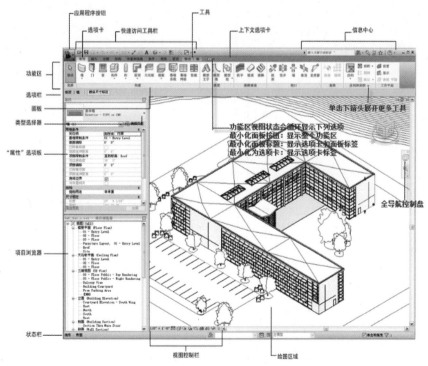

图 1-1

的访问，例如"新建"、"打开"和"保存"，还允许您使用更高级的工具（如"导出"和"发布"）来管理文件。单击 打开应用程序菜单（如图1-2所示）。Revit Architecture 2011增强了与3ds Max 的互操作性，以Protein 2外观将FBX文件导出到Max，以Protein 2外观导入DWG文件和ADSK文件（注意3ds Max/Design 2011是转移材质所必需的）。在DWG导出中提高了将Revit文件导出为DWG时的视觉逼真度，用于"真彩色"和"文字"处理的导出选项。

2）在Revit Architecture 2011里自定义快捷键时点击应用程序菜单中的"选项"命令弹出选项对话框后点击"用户界面"面板中的自定义，出现"快捷键"对话框后进行设置（如图1-3（a）、（b）所示）。

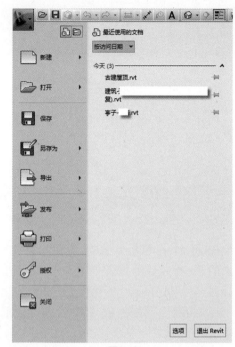

图1-2

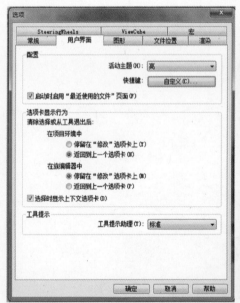

图1-3（a）

图1-3（b）

1.1.2 快速访问工具栏(QAT)

单击快速访问工具栏后的向下箭头 将弹出下列工具，在Revit Architecture 2011中每个应用程序一个QAT，增加了QAT中的默认命令的数目。若要向快速访问工具栏中添加功能区的按钮，请在功能区中单击鼠标右键，然后单击"添加到快速访问工具栏"，按钮会添加到快速访问工具栏中默认命令的右侧（如图1-4所示）。

图1-4

可以对快速访问工具栏中的命令进行向上/向下移动命令、添加分隔符、删除命令编辑（如图1-5所示）。

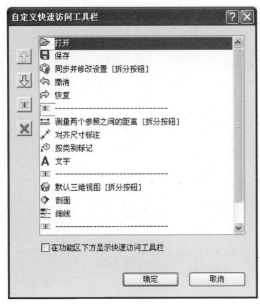

图1-5

1.1.3 功能区三种类型的按钮

按钮 如天花板❶ 🗔 天花板：单击可调用工具

下拉按钮：如下图中"墙"包含一个下拉箭头，用以显示附加的相关工具

分割按钮：调用常用的工具，或显示包含附加相关工具的菜单

---

❶ 按：一般专业图书中，"天花板"应改为顶棚，但为适应电脑软件名词系列，本书不作改动。

如果看到按钮上有一条线将按钮分割为2个区域，单击上部（或左侧）可以访问通常最常用的工具，单击另一侧可显示相关工具的列表（如图1-6所示）。

图1-6

1.1.4 上下文功能区选项卡

激活某些工具或者选择图元时，会自动增加并切换到一个"上下文功能区选项卡"，其中包含一组只与该工具或图元的上下文相关的工具。

"修改"选项卡的面板和按钮始终在左侧以相同的顺序排列。"修改"选项卡的名称更新了以反映附加的活动上下文选项卡。"修改"选项卡（处于活动状态时）右侧附加了上下文选项卡内容。"修改"和上下文相关内容以灰色的可视栏分隔。

例如，单击"墙"工具时，将显示"修改/放置墙"的上下文选项卡，其中显示9个面板：

1）选择：包含"修改"工具

2）属性：包含"类型属性"和"属性"

3）剪贴板：包含"从剪贴板上粘贴""剪切、复制剪贴板"和"匹配属性类型"

4）几何图形：包含连接段切割、剪切、连接等工具

5）修改：包含在绘图区域内中编辑图元的修改工具

6）视图：包含对图元显隐、替换图形及线处理工具

7）测量：包含尺寸标注及测量工具

8）创建：包含"创建组"和创建类似实例

9）绘图：包含绘制墙草图所必需的绘图工具

退出该工具时，上下文功能区选项卡即会关闭（如图1-7所示）。

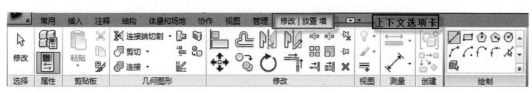

图1-7

1.1.5 全导航控制盘

将查看对象控制盘和巡视建筑控制盘上的三维导航工具组合到一起，用户可以查看各个对象以及围绕模型进行漫游和导航，全导航控制盘（大）和全导航控制盘（小）经优化适合有经验的三维用户使用（如图1-8所示）。

图1-8

1）切换到全导航控制盘（大）

在控制盘上单击鼠标右键，然后单击"全导航控制盘"。

2）切换到全导航控制盘（小）

在控制盘上单击鼠标右键，然后单击"全导航控制盘（小）"。

1.1.6 ViewCube

ViewCube 是一个三维导航工具，可指示模型的当前方向，并让您调整视点（如图 1-9 所示）。

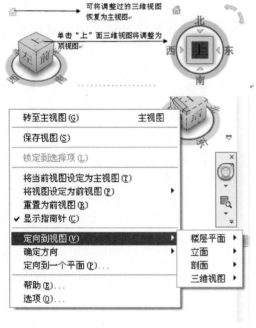

图 1-9

主视图是随模型一同存储的特殊视图，可以方便地返回已知视图或熟悉的视图，您可以将模型的任何视图定义为主视图。

在 ViewCube 上单击鼠标右键，然后单击"将当前视图设定为主视图"。

1.1.7 视图控制栏

位于 Revit 窗口底部的状态栏上方。
1 : 100 通过它，可以快速访问影响绘图区域的功能，视图控制栏工具从左向右依次是：

1）比例
2）详细程度
3）视觉样式：单击可选择线框、隐藏线、着色、带边框着色、一致的颜色和真实 6 种模式

4）打开 / 关闭日光路径
5）打开 / 关闭阴影
6）显示 / 隐藏渲染对话框，仅当绘图区域显示三维视图时才可用
7）打开 / 关闭裁剪区域
8）显示 / 隐藏裁剪区域
9）临时隐藏 / 隔离
10）显示隐藏的图元

> 📖 **要点**
>
> Revit Architecture 2011 新增日光路径功能，是用于显示自然光和阴影对建筑和场地产生的影响的交互式工具。
>
> 在项目的任何视图中，我们都可以通过单击视图左下角的 ☼ 按钮激活视图中的阳光路径（如图 1-10 所示）。
>
> 当阳光路径被打开后，我们就可以在视图中看到项目样板中预先设置好的默认的阳光路径（如图 1-11 所示）。
>
> 我们可以通过直接拖拽太阳，也可以通过修改时间来模拟不同时间段的光照情况（如图 1-12 所示）。

图 1-10

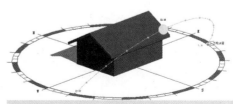

图 1-11

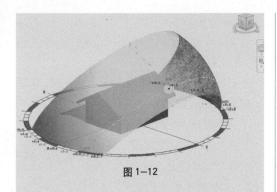

图1-12

也可以在阳光设置对话框中进行设置并进行保存（如图1-13所示）。

图1-13

1.1.8 基本工具的应用

常规的编辑命令适用于软件的整个绘图过程中，如对齐、偏移、镜像、拆分、用间隙拆分、锁定、移动、复制、旋转、修剪等编辑命令，在 Revit Architecture 2011 中对核心修改工具（"对象操作"命令）的永久访问权限：1）移动；2）复制；3）旋转；4）镜像 – 拾取轴；5）镜像 – 绘制轴；6）删除。"对齐"工具现在可以在图元的节点、顶点、边缘、表面、形状或标高上使用（如图1-14

修改

图1-14

所示）。下面主要通过墙体和门窗的编辑来详细介绍。

1）墙体的编辑：

单击"修改 墙"选项卡，"修改"面板下的编辑命令：

对齐：在个视图中对构建进行对齐处理。选择目标构建，使用 TAB 功能键确定对齐位置，再选择需要对齐构建时再次使用 TAB 功能键选择需要对齐的部位。

偏移：在选项栏设置偏移○图形方式 ◉数值方式 偏移：1000.0 ☑复制，选择"图形方式"偏移。

镜像：单击"拾取镜像轴"或"绘制镜像轴"镜像墙体。

拆分：单击"拆分图元"，在平面、立面或三维视图中鼠标单击墙体的拆分位置即可将墙水平或垂直拆分成几段，单击"用间隙拆分"可将墙拆分成已定义间隙的两面单独的墙。

复制：勾选选项栏☑约束 □分开 ☑多个选项，拾取复制的参考点和目标点，可复制多个墙体到新的位置，复制的墙与相交的墙自动连接。

旋转：拖拽"中心点"可改变旋转的中心位置（如图1-15所示）。鼠标拾取旋转参照位置和目标位置，旋转墙体。也可以在选项栏设置旋转角度值后回车旋转墙体☑分开 ☑复制 角度：135（注意勾选"复制"会在旋转的同时复制一个墙体的副本）。

修剪：单击"修剪"命令即可以修剪墙体。

阵列：选择"阵列"在选项栏中进行相应设置，"成组并关联"的选项的使用，输

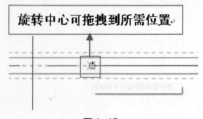

旋转中心可拖拽到所需位置

图1-15

入阵列的数量，选择"移动到"选项，在视图中拾取参考点和目标点位置，二者间距将作为第一个墙体和第二个或最后一个墙体的间距值，自动阵列墙体（如图1-16所示）。

图1-16

比例：选择墙体，单击"比例"工具，选项栏 ⊙图形方式 ○数值方式 比例：0.463284 选择比例方式，"图形方式"单击整道墙体的起点、终点，以此来作为缩放比例的参照距离，再单击墙体新的起点、终点，确认缩放比例后的大小距离，"数值方式"直接缩放比例数值，回车确认即可。

延伸：单击"修剪/延伸单个图元""修剪/延伸多个图元"，其既可以修剪也可以延伸墙体。

📖 注意

如偏移时需生成新的构建，勾选"复制"选项，单击起点输入数值，回车确定即可复制生成平行墙体，选择"数字方式"直接在"偏移"后输入数值，仍需注意"复制"选项的设置，在墙体一侧单击鼠标可以快速复制平行墙体。

2）门窗的编辑：

选择门窗，自动激活"修改门/窗"选项卡，在"修改"面板下的编辑命令。

（1）可在平面、立面、剖面、三维等视图中移动、复制、阵列、镜像、对齐门窗。

（2）在平面视图中复制、阵列、镜像门窗时，如果没有同时选择其门窗标记的话，可以在后期随时添加，单击"注释"选项卡"标记"面板下，可选择"标记全部"在"标记所有未标记的对象"对话框中，选择所要标记的对象，并进行相应设置，所选标记将自动完成标记（如图1-17所示）。

3）视图上下文选项卡上的基本命令（如图1-18所示）。

细线：软件默认的打开模式是粗线模型，当需要在绘图中以细线模型显示时，单击"图形"面板下"细线"命令。

窗口切换：绘图时打开多个窗口，通过"窗口"面板上"窗口切换"命令选择绘图所需窗口。

关闭隐藏对象：自动隐藏当前没有在绘图区域上使用的窗口。

复制：单击命令复制当前窗口。

层叠：单击命令当前打开的所有窗口层叠地出现在绘图区域（如图1-19所示）。

平铺：单击命令当前打开的所有窗口平铺在绘图区域（如图1-20所示）。

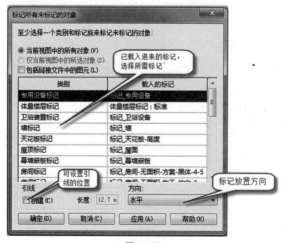

图1-17

图 1—18

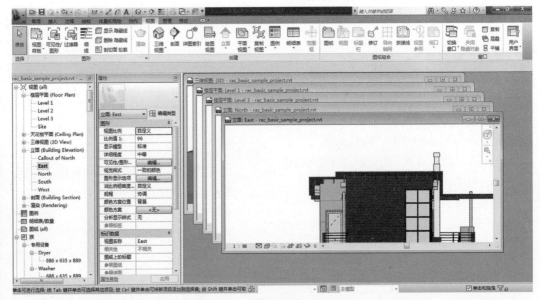

图 1—19

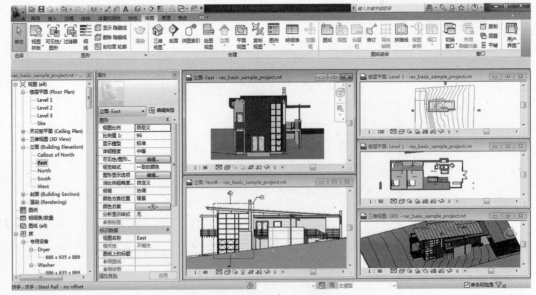

图 1—20

1.1.9　状态栏

状态栏中改进了对状态栏上的"工作集"和"设计选项"的访问（如图 1- 21 所示）。

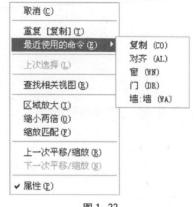

图 1-21

1.1.10　鼠标右键工具栏

在绘图区域单击鼠标右键依次为：取消，重复，最近使用命令，上次选择，查找相关视图，区域放大，缩小两倍，缩放匹配，上一次平移 / 缩放,下一次平移 / 缩放,属性（如图 1-22 所示）。

图 1-22

1.2　Revit Architecture三维设计制图的基本原理

在 Revit Architecture 里，每一个平面、立面、剖面、透视、轴测、明细表都是一个视图。它们的显示都由各自视图的属性控制，且不影响其他视图。这些显示包括可见性、线型线宽、颜色等控制。

作为一款参数化的三维建筑设计软件，在 Revit Architecture 里，如何通过创建三维模型并进行相关项目设置，从而获得我们所需要的符合设计要求的相关平立剖面大样详图等图纸，我们就需要了解 Revit Architecture 三维设计制图的基本原理。

因为此章节内容需要进入软件实际操作，所以首先我们先了解一下 Revit Architecture 2011 界面。

1.2.1　平面图的生成

1）详细程度

（1）由于在建筑设计的图纸表达要求里，不同比例图纸的视图表达的要求也不相同，所以我们需要对视图进行详细程度的设置。

（2）在楼层平面中右键单击"属性"，在弹出的"属性"对话框中单击"详细程度"后下拉箭头可选择"粗略"、"中等"或"精细"的详细程度。

（3）通过预定义详细程度，可以影响不同视图比例下同一几何图形的显示。因此在族编辑器中创建的自定义门在粗略、中等和精细详细程度下的显示情况可能会有所不同（如图 1-23 所示）。

图 1-23

（4）墙、楼板和屋顶的复合结构以中等和精细详细程度显示，即详细程度为"粗略"时不显示结构层。

（5）族几何图形随详细程度的变化而变化，此项可在族中自行设置。

（6）结构框架随详细程度的变化而变化。以粗略程度显示时，它会显示为线。以中等和精细程度显示时，它会显示更多几何图形（如图1-24（a）（b）所示）。

（7）除上述方法外，还可直接在视图平

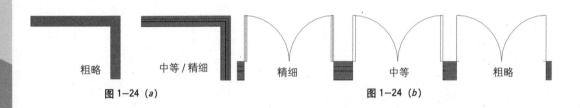

图1-24（a）　　　　　　　　　　图1-24（b）

面处于激活的状态下，在视图控制栏中直接进行调整详细程度，此方法适用于所有类型视图（如图1-25所示）。

图1-25

（8）可以通过在"属性"中设置"详细程度"参数，从而随时替换详细程度。

2）可见性图形替换

（1）在建筑设计的图纸表达中，我们常常要控制不同对象的视图显示与可见性，我们可以通过"可见性/图形替换"的设置来实现上述要求。

（2）打开楼层平面的"属性"对话框，单击"可见性/图形替换"后的编辑按钮，打开"可见性图形替换"对话框（如图1-26所示）。

（3）从"可见性/图形替换"对话框中，可以查看已应用于某个类别的替换。如果已经替换了某个类别的图形显示，单元格会显示图形预览。如果没有对任何类别进行替换，

单元格会显示为空白，图元则按照"对象样式"对话框中的指定显示。

● 在图1-26中，门类别的投影/表面线和截面填充图案已被替换，并调整了它是否半色调、是否透明，及详细程度的调整，在可见性中构件前打勾为可见，取消为隐藏不可见状态。

● 注释类别选项卡里同样可以控制注释构件的可见性，可以调整投影/表面的线及填充样式及是否半色调显示构建。

● 导入的类别设置，控制导入对象的可见性及投影/截面的线及填充样式及是否半

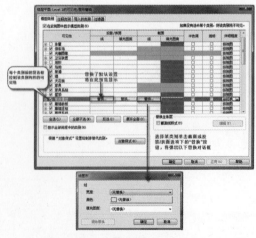

图1-26

第一部分　基本知识

色调显示构件。

3）过滤器的创建

我们可以通过应用过滤器工具，设置过滤器规则，选取我们所需要的构件。

（1）单击"视图"选项卡>（表示下一步，下同）"图形"面板>"过滤器"工具。

（2）在"过滤器"对话框中，单击 （新建），或选择现有过滤器，然后单击 （复制）。

（3）在"类别"下，选择所要包含在过滤中的一个或多个类别。

（4）在"过滤器规则"下，设置过滤条件有参数，如"类型名称"（如图 1-27

所示）。

（5）从下列选项中选择过滤器运算符如"包含"，为过滤器输入一个值"NQ"即所有类型名称中包含"NQ"的墙体，单击"确定"退出对话框。

（6）在"可见性图形替换"对话框中，"过滤器"选项卡下点击"添加"将已经设置好的过滤器添加使用，此时可以隐藏符合条件的墙体，取消过滤器"内墙"的"可见性"复选框，将其进行隐藏或修改包含此过滤条件的构件进行替换表面或截面的线型图案和填充图案样式（如图 1-28 所示）。

图 1-27

图 1-28

（7）选项中选择过滤器运算符：

等于：字符必须完全匹配。

不等于：排除所有与输入的值不匹配的内容。

大于：查找大于输入值的值。如果输入23，则返回大于23（不含23）的值。

大于或等于：查找大于或等于输入值的值。如果输入 23，则返回 23 及大于 23 的值。

小于：查找小于输入值的值。如果输入 23，则返回小于 23（不含 23）的值。

小于或等于：查找小于或等于输入值的值。如果输入 23，则返回 23 及小于 23 的值。

包含：选择字符串中的任何一个字符。如果输入字符 H，则返回包含字符 H 的所有属性。

不包含：排除字符串中的任何一个字符。如果输入字符 H，则排除包含字母 H 的所有属性。

开始部分是：选择字符串开头的字符。如果输入字符 H，则返回以 H 开头的所有属性。

开始部分不是：排除字符串的首字符。如果输入字符 H，则排除以 H 开头的所有属性。

末尾是：选择字符串末尾的字符。如果输入字符 H，则返回以 H 结尾的所有属性。

结尾不是：排除字符串末尾的字符。如果输入字符 H，则排除以 H 结尾的所有属性。

4）模型图形样式

单击楼层平面属性对话框中"视觉样式"后下拉箭头，可选择图形显示样式：线框、隐藏线、着色、带边框着色。（如图 1-29 所示）

图 1-29

除上述方法外，还可直接在视图平面处于激活的状态下，在视图控制栏中直接进行调整模型图形样式，此方法适用于所有类型视图（如图 1-30 所示）。

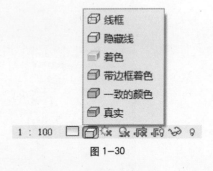

图 1-30

5）图形显示选项

在图形显示选项的设置里，我们可以设置真实的建筑地点，设置虚拟的或者是真实的日光位置，控制视图的阴影投射，实现建筑平立面轮廓加粗等功能。

在楼层平面属性对话框中单击"图形显示选项"后的"编辑"按钮，打开"图形显示选项"对话框（如图 1-31 所示）

（1）设置图形的"照明"

"投射阴影"：勾选该项复选框将打开阴

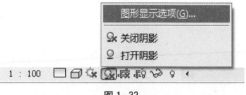

图 1-32

影，此选项与在视图控制栏上单击 ♀（打开
阴影）具有相同的效果。开启该选项将显著
降低软件运行速度，建议不需要时不勾选。

"环境光阻挡"：选择此选项以模拟漫射
（环境）光的阻挡。在着色视觉样式、立面、
图纸和剖面中可用。在族编辑器或详图视图
中不可用。

📖 **注意**

> 从"选项"对话框中的"图形"选
> 项卡启用"硬件加速"时，"环境光阻挡"
> 可用。

（2）设置"边缘"

设置侧轮廓样式：可将模型的侧轮廓线
样式替换成我们需要显示的样式，步骤如下：

● 在视图控制栏上，单击（模型图形样
式）"隐藏线"或"带边框着色"。对于线框
或着色模型图形样式，侧轮廓边缘不可用。

● 在视图控制栏上，单击（关闭/打开
阴影）"图形显示选项"（如图 1-32 所示）。

● 设置"边缘"-"侧轮廓样式"，选择
所需侧轮廓加粗的线型样式（如图 1-33
所示）。

要删除侧轮廓边缘的线样式，请执行下

图 1-33

列步骤：

步骤 1：单击"修改"选项卡 "视图"
面板 "线处理"。

步骤 2：单击"修改/线处理"选项卡
"线样式"面板，然后从类型选择器中选择"<
并非侧轮廓 >"。

步骤 3：选择侧轮廓边缘，即会删除侧
轮廓。

6）基线

通过基线的设置我们可以看到建筑物内
楼上或楼下各层的平面布置，作为设计参考。
如需设置视图的"基线"，需在绘图区域中
右键单击"属性"，打开楼层平面的"属性"
对话（如图 1-34 所示）。

在当前平面视图下显示另一个模型片
段，该模型片段可从当前层上方或下方获取。
例如绘制屋顶时，屋顶平面视图需要参照下
一层墙体绘制屋顶轮廓，即可在屋顶平面图
的"图元属性"对话框中将"基线"设置为

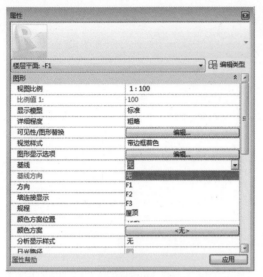

图 1-34

下一层平面视图，屋顶平面将灰显下一层的墙体（如图 1-35 所示）。

7）颜色方案的设置

颜色方案的设置可以使我们快速地得到建筑方案的着色平面图。单击楼层平面属性对话框中的"颜色方案"后"无"按钮，打开"编辑颜色方案"对话框进行相应设置（如图 1-36 所示）。

（1）创建新颜色方案点击"复制"按钮 生成新的颜色方案，在"方案定义"字段中，输入颜色方案图例的标题（将颜色方案应用于视图时，标题将显示在图例的上方。可以选择颜色方案图例，打开其类型属性对话框，可以勾选或取消勾选"显示标题"选项以显

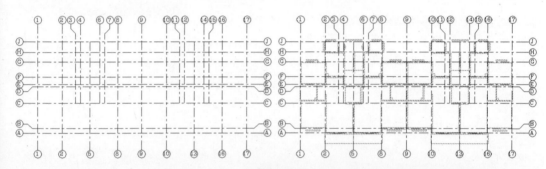

图 1-35

图 1-36

示或隐藏颜色方案图例标题）。

（2）从"颜色"菜单中，选择将用作颜色方案基础的参数，注意确保为所选的参数定义了值，可在"属性"对话框中添加或修改参数值。

（3）要按特定参数值或值范围填充颜色，请选择"按值"或"按范围"。注意"按范围"并不适用于所有参数，左侧单击添加值添加数值。

（4）当选择"按范围"时，单位显示格式在"编辑格式"按钮旁边显示。如果需要，可单击"编辑格式"来修改单位格式，在"格式"对话中，清除"使用项目设置"，然后从菜单中选择适当的格式设置。

8）"范围"相关设置

楼层平面的"属性"对话框中的"范围"栏可对裁剪做相应设置（如图1-37所示）。

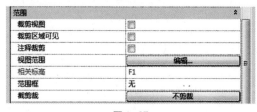

范围	
裁剪视图	☐
裁剪区域可见	☐
注释裁剪	☐
视图范围	编辑…
相关标高	F1
范围框	无
裁剪裁	不剪裁

图1-37

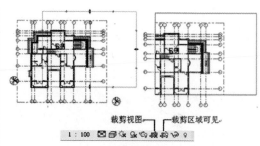

裁剪视图 — 裁剪区域可见

1 : 100 ⊠⊡⊠ ⊶⊷ 🔳 🔖 ◉ ♀

图1-38

（1）裁剪视图：勾选该复选框即裁剪框有效，范围内的模型构建可见，裁剪框外的模型构件不可见，取消勾选该复选框则不论裁剪框是否可见均不裁剪任何构件。

（2）裁剪区域可见：勾选该复选框即裁剪框可见，取消勾选该复选框则裁剪框将被隐藏。

9）视图范围设置

单击楼层平面的属性对话框中"视图范围"后的"编辑"按钮 > 单击打开视图范围对话框进行相应设置（如图1-39所示）。

视图范围是可以控制视图中对象的可见性和外观的一组水平平面。水平平面为"顶部平面"、"剖切面"和"底部平面"，顶剪裁平面和底剪裁平面表示视图范围的最顶部和最底部的部分，剖切面是确定视图中某些图元可视剖切高度的平面。这三个平面可以定义视图范围的主要范围。

10）默认视图样板的设置

进入楼层平面的属性对话框，找到"默

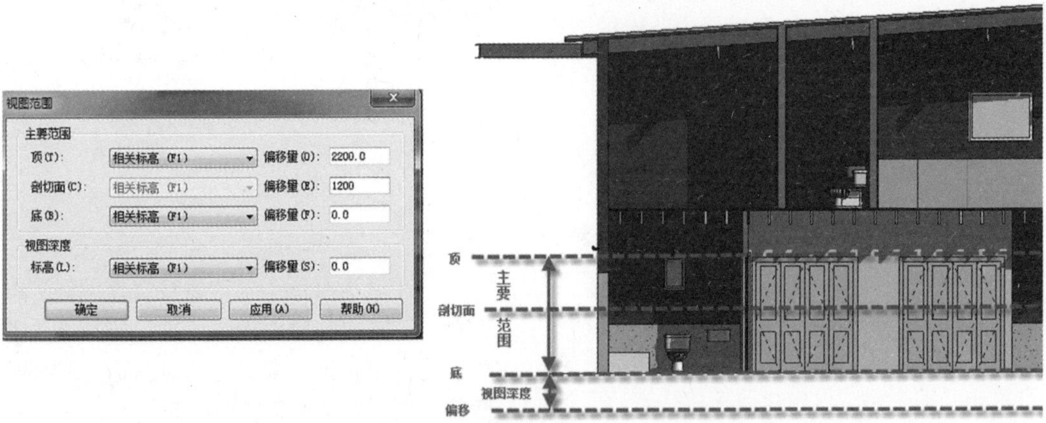

图 1—39

图 1—40

认视图样板"项（如图 1—40 所示）。

在各视图的属性中指定"默认视图样板"后，可以在视图打印或导出之前，在"项目浏览器"的图纸名称上右键单击"将默认视图样板应用到所有视图"，该图纸上所布置的视图将被默认视图样板中的设置所替代，而无须逐一调整视图。

　　11）"截剪裁"的设置

　　属性中的"截剪裁"用于控制跨多个标
高的图元（例如斜墙）在平面图中剖切范围
下截面位置的设置（如图 1-41 所示）。

平面视图的"属性"对话框中的"截剪裁"
参数可以激活此功能。截剪裁中的"剪裁时
无截面线"、"剪裁时有截面线"设置的裁剪
位置由"视图深度"参数定义，如设置为"不
剪裁"那么平面视图将完整显示该构件剖切
面以下的所有部分而与视图深度无关，该参
数是视图的"视图范围"属性的一部分。

　　如图 1-42 所示显示了该模型的剖切面
和视图深度以及使用"截剪裁"参数选项（"剪

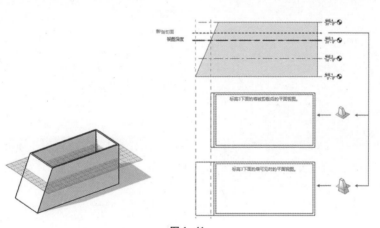

图 1-41

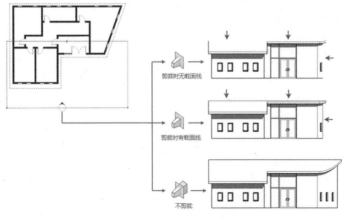

图 1-42

栽时无截面线"、"剪裁时有截面线"和"不剪裁")后生成的平面视图表示（立面视图同样适用）。

平面区域服从其父视图的"截剪裁"参数设置，但遵从自身的"视图范围"设置，按后剪裁平面剪切平面视图时，在某些视图中具有符号表示法的图元（例如，结构梁）和不可剪切族不受影响，将显示这些图元和族，但不进行剪切，此属性会影响打印。

在"属性"对话框中，找到"截剪裁"参数。"截剪裁"参数可用于平面视图和场地视图。单击"值"列中的按钮，此时显示"截剪裁"对话框（如图1-43所示）。

图1-43

在"截剪裁"对话框中，选择一个选项，并单击"确定"。

1.2.2 立面图的生成

1）立面的创建

默认情况下有东、南、西、北四个正立面，可以使用"立面"命令创建另外的内部和外部立面视图（如图1-44所示）。

（1）单击"视图"选项卡 >"创建"面板 > 单击"立面"，在光标尾部会显示立面符号

（2）在绘图区域移动光标到合适位置单击放置（在移动过程中立面符号箭头自

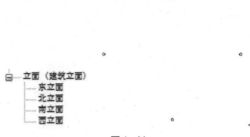

图1-44

动捕捉与其垂直的最近的墙），自动生成立面视图。

（3）鼠标单击选择立面符号，此时显示蓝色虚线为视图范围，拖拽控制柄调整视图范围，包含在该范围内的模型构件才有可能在刚刚创建的立面视图中显示（如图1-45所示）。

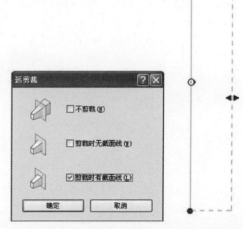

图1-45

注意

立面符号不可随意删除，删除符号的同时会将相应的立面一同删除。四个立面符号围合的区域即为绘图区域，请不要超出绘图区域创建模型。否则立面显示将可能会是剖面显示。因为立面有截栽剪、裁剪视图等设置，这些都会控制影响立面的视图宽度和深度的设置。

如图 1-45 所示，蓝色实线建议穿过立面符号中心位置，便于理解生成立面的位置和范围。为了扩大绘图区域而移动立面符号时，注意全部框选立面符号，否则绘图区域的范围将有可能没有移动。移动立面符号后还需要调整绘图区域的大小及视图深度。

2）自定义立面标记

定义立面图视图标签的外观。立面图标签现在能够具有任意形状和任意数量的箭头，这些箭头指向标签体相关的非正交方向。

3）修改立面属性

选择立面符号，单击"修改 视图"的上下文选项卡中的"属性"按钮，打开立面的"属性"对话框修改视图设置（如图 1-46 所示）。

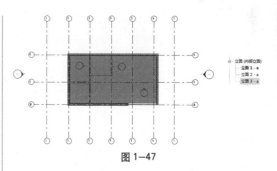

图 1-46

4）创建框架立面

当项目中需创建垂直于斜墙或斜工作平面的立面时，可以创建一个框架立面来辅助设计。注意视图中必须有轴网或已命名的参照平面，才能添加框架立面视图。

（1）单击"视图"选项卡 >"创建"面板 >"立面"下拉列表 > 单击"框架立面"工具。

（2）将框架立面符号垂直于选定的轴网线或参照平面并沿着要显示的视图的方向单击放置（如图 1-47 所示）。观察项目浏览器中同时添加了该立面，双击可进入该框架立面。

（3）对于需要将竖向支撑添加到模型中时，创建框架立面，有助于为支撑创建并选择准确的工作平面。

5）平面区域的创建

平面区域：用于当部分视图由于构件高度或深度不同而需要设置与整体视图不同的

图 1-47

视图范围而定义的区域。可用于拆分标高平面，也可用于显示剖切面上方或下方的插入对象。

注意

平面区域是闭合草图，多个平面区域可以具有重合边但不能彼此重叠。

创建"平面区域"请参照如下步骤：

（1）单击功能区"视图"选项卡 > "创建"面板下打开平面视图下拉箭头 > 单击"平面区域"工具，进行创建平面区域。

（2）在绘制面板中选择绘制方式进行创建区域，单击图元面板中平面区域属性打开属性对话框（如图1-48所示）。

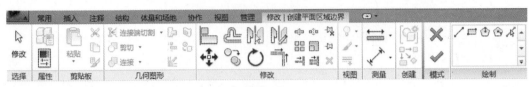

图 1-48

（3）单击"视图范围"后的"编辑"按钮，打开"视图范围"对话框，以调整绘制区域内的视图范围，以使该范围内的构件在平面中正确显示（如图1-49所示）。

1.2.3 剖面图的生成

1）创建剖面视图

（1）打开一个平面、剖面、立面或详图视图。

（2）单击"视图"选项卡下的"创建"面板，单击"剖面"工具，在"修改/剖面"选项卡下的"类型属性"中选择"详图"、"建筑剖面"或"墙身剖面"。

（3）在选项栏上选择一个视图比例。

（4）将光标放置在剖面的起点处，并拖

拽光标穿过模型或族，当到达剖面的终点时单击完成剖面的创建。

（5）选择已绘制的剖面线将显示裁剪区域（如图1-50所示），鼠标拖拽绿色虚线上的视图宽度和视景深度控制柄调整视图范围。

（6）鼠标单击查看方向控制柄，可翻转视图查看方向。

（7）鼠标单击线段间隙符号，可在有隙缝的或连续的剖面线样式之间切换（如图1-51所示）。

图 1-50

图 1-49

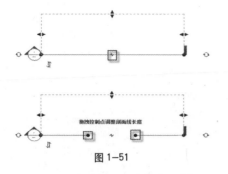

图 1-51

拖拽控制点调整剖面线长度

（8）在项目浏览器中自动生成剖面视图，双击视图名称打开剖面视图，修改剖面线的位置、范围、查看方向时剖面视图自动更新。

2）创建阶梯剖面视图

按上述方法先绘制一条剖面线。选择它并点击"修改/视图"上下文选项卡 > "剖面"面板 > "拆分线段"命令，在剖面线上要拆分的位置单击鼠标并拖动到新位置，再次单击放置剖面线线段。鼠标拖拽线段位置控制柄调整每段线的位置到合适位置，自动生成阶梯剖面图（如图 1-52 所示）。

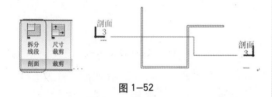

图 1-52

鼠标拖拽线段位置控制柄到与相邻的另一段平行线段对齐时，松开鼠标，两条线段合并成一条。

> **提示**
>
> 阶梯剖面中间转折部分线条的长度可直接拖拽端点调整，线宽可通过上下文选项卡中的管理－设置－对象样式－注释对象中的剖面线的线宽设置来修改。

1.2.4 详图索引、大样图的生成

创建详图索引：可以从平面视图、剖面视图或立面视图创建详图索引，然后使用模型几何图形作为基础，添加详图构件。创建详图索引详图或剖面详图时，可以参照项目中的其他详图视图或包含导入 DWG 文件的绘图视图。

1）使用外部参照图

（1）使用外部 CAD 图形作为参照图形，首先单击"视图"选项卡，单击"创建"面板下的"绘图视图"，并为新建绘图视图命名，设置其比例（如图 1-53 所示），单击确定打开新建绘图视图。

图 1-53

（2）单击"插入"选项卡，"导入"面板下的"导入 CAD"按钮，导入所要参照的外部 CAD 图形。

（3）单击"视图"选项卡 > "创建"面板 > "详图索引"。

（4）单击"详图索引或剖面"选项卡 > "图元"面板，然后从"类型选择器"下拉列表中选择"详图视图：详图"作为视图类型。

（5）在选项栏上的"比例"中，选择详图索引视图的比例，确定选择使用"参照其他视图"，并在其下拉箭头内选择刚刚新建的绘图视图作为参照视图。

（6）要定义详图索引区域，请将光标从左上方向右下方拖拽，创建封闭网格左上角的虚线旁边所显示的详图索引编号（如图 1-54 所示）。

（7）要查看详图索引视图，请双击详图索引标头—⊖，详图索引视图将显示在绘图区域中（如图 1-55 所示）。

图 1—54

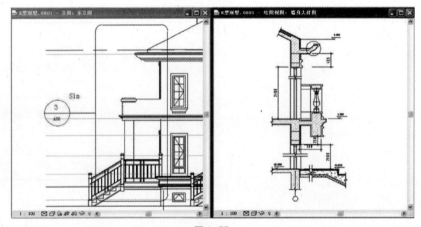

图 1—55

2）创建详图索引详图

（1）单击"视图"选项卡 > "创建"面板 > "详图索引"工具。

（2）单击"详图索引或剖面"选项卡 > "属性"面板，然后从"类型选择器"下拉列表中选择"详图视图：详图"作为视图类型。

（3）在"属性"对话框中，选择"半色调"作为"显示模型"；然后单击"确定"。

（4）详图索引视图中的模型图元使用基线设置显示，允许您直观查看模型几何图形与添加的详图构件之间的差异，使用"注释"选项卡 > "详图"面板 > "详细线"工具来进行绘制其大样图内容。

> **注意**
>
> 详图线只在当前视图中显示不会影响其他视图（如图 1—56 所示）

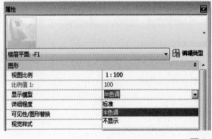
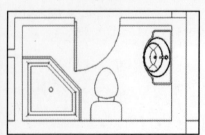

图 1—56

1.2.5 透视图的生成

1）创建透视图

（1）打开一层平面视图，单击"视图"选项卡 > "创建"面板 > "三维视图"下拉箭头选择"相机"。

（2）"选项栏"设置相机"偏移量"，即所在视图，单击鼠标拾取相机位置点，拖拽鼠标再次单击拾取相机目标点，自动生成并打开透视图。

（3）选择视图裁剪区域方框，移动蓝色夹点调整视图大小到合适的范围（如图1-57所示）。

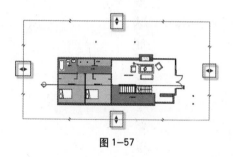

图 1-57

（4）如精确调整视口的大小，请选择视口点击"修改相机"选项卡 > "裁剪"面板 > "尺寸裁剪"工具，精确调整视口尺寸（如图1-58所示）。

（5）如要显示相机远裁剪区域外的模型，鼠标右键点"属性"命令，清除参数"远裁剪激活"。

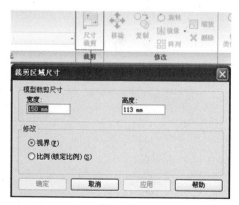

图 1-58

2）修改相机位置、高度和目标

（1）同时打开一层平面、立面、三维、透视视图，单击"视图"选项卡 > "窗口"面板 > "平铺"工具，平铺所有视图。

（2）鼠标单击三维视图范围框，此时一层平面显示相机位置并处激活状态，相机和相机的查看方向就会显示在所有视图中。

（3）在平面、立面、三维视图中鼠标拖拽相机、目标点、远裁剪控制点，调整相机的位置、高度和目标位置。

（4）也可单击修改"相机选项卡" > "属性"面板 > "属性"工具打开"属性"对话框，修改"视点高度"、"目标高度"参数值调整相机，同时也可修改此三维视图的视图名称、详细程度、模型图形样式等。

3）渲染图中的背景图像

点击视图控制栏中的"渲染"命令弹出渲染对话框（如图1-59所示），选择样式下拉菜单中的图像会弹出"背景图像"对话框（如图1-60所示），然后点击图像导入图片进行渲染（如图1-61所示）。

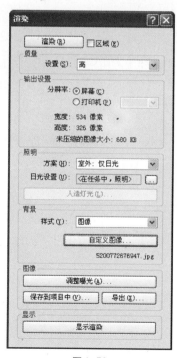

图 1-59

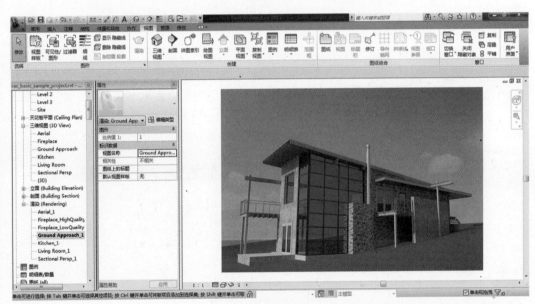

图 1-60

图 1-61

第二部分

方案阶段

第2章　案例的项目准备

概述：住宅单体设计，与其他类型的设计项目的不同在于往往不会从建筑体块设计入手，而是以户型等模块的定义作为切入点。鉴于住宅设计的特殊性，在项目启动初期，首先需要对户型模块的限制性条件，如轴网及标高进行定制。

本章内容将详细讲解，在一个项目启动阶段，如何对其进行轴网、标高等限制条件进行定制，并如何借助已有条件进行限制条件件的快速录入。

2.1　新建项目

1）启动 Autodesk Revit 2011 软件，单击软件界面左上角的"应用程序菜单"按钮，在弹出的下拉菜单中依次单击"新建">"项目"（如图 2-1 所示），在弹出的"新建项目"对话框中单击"浏览"，选择光盘中"项目样板文件"文件夹中提供的样本文件"2011 项目实战专用样板 .rte"并确定（如图 2-2 所示）。

2）项目样板提供项目的初始状态。Revit Architecture 提供几个样板，您也可以创建自己的样板。基于样板的任意新项目均继承来自样板的所有族、设置（如单位、填充样式、线样式、线宽和视图比例）以及几何图形。

3）界面左上角的"应用程序菜单"按钮，在弹出的下拉菜单中依次单击"另存为">"项目"（如图 2-3 所示），将样板文件另存为项目文件，后缀将由 rte 变更为 rvt 文件，即项目文件，以防止误将样板文件替换掉。

图 2-1

图 2-2

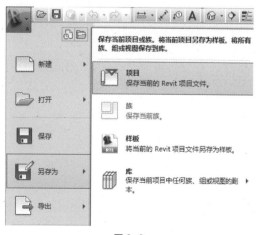

图 2-3

　　在文件目录下会有另外三个存档，没什么太大的意义，单击"文件"菜单栏"另存为"，在"另存为"对话框右下角单击"选项"按钮，"文件保存选项"对话框中的"最大备份数"即为备份文件数量的设置，最低为1，不能设置为0（如图2-4所示）。

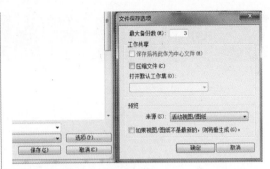

图 2-4

2.2　绘制标高

　　1）任意立面绘制一次标高，其他立面均可显示，下面我们在东立面视图绘制所需标高。在项目浏览器中展开"立面（建筑立面）"项，双击视图名称"东"进入东立面视图（如图2-5所示），系统默认设置了三个标高——室外标高、F1和F2。可根据需要修改标高高度：选择需要修改高度的标高符号，单击标高符号上方或下方表示高度的数字，如"室外标高"高度数值"-0.450"，单击后该数字变为可输入，将原有数值修改为"-0.300"。同样的方法，将标高F2高度修改为"3.000"（如图2-6所示）。

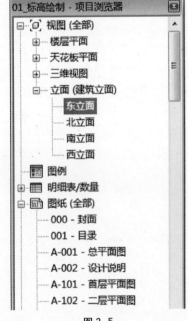

图 2-5

注意

　　样板文件中已经将标高单位修改为"米"，保留"3个小数位"。

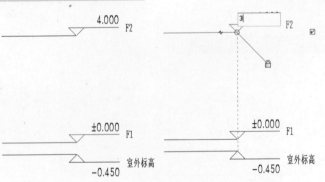

图 2-6

2）单击选择标高 F2 时，在 F1 与 F2 之间会显示一条蓝色临时尺寸标注（如图 2-7 所示），单击临时尺寸标注上的数字，重新输入新的数值同样可以调整标高高度。

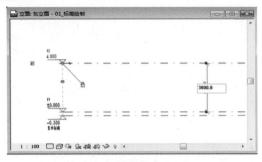

图 2-7

注意

使用临时尺寸标注修改标高位置时，单位为毫米。

3）单击"常用"选项卡 > "基准"面板 > "标高"工具，光标在绘图区域移动到现有标高左侧标头上方，当出现蓝色虚线时，单击开始从左向右绘制标高，当光标移动到标高右侧出现蓝色虚线时单击，完成绘制后将标高 F3 高度调整为"6.000"（如图 2-8 所示）。

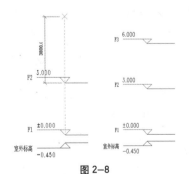

图 2-8

注意

使用以上方法，单击标高命令绘制标高时，选项栏默认勾选了"创建平面视图"，Autodesk Revit 才会为新标高创建相应的楼层平面图。

4）选择标高 F3，单击功能区"复制"工具，并勾选选项栏的"约束"、"分开"及"多个"选项，光标回到绘图区域，在标高 F3 上单击，并向上移动，此时可直接在键盘输入新标高与被复制标高间距数值"3000"，单位为毫米，输入后回车，完成一个标高的复制，由于勾选了选项栏"多个"，可继续输入下一标高间距（如图 2-9 所示）。

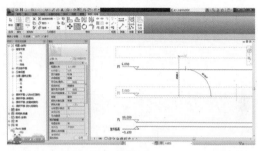

图 2-9

注意

选项栏的"约束"选项可以保证正交；勾选"多个"可以在一次复制完成后继续执行操作，从而实现多次复制。

5）通过以上"复制"的方式完成标高 F4 及 F5 的绘制，结束复制命令可以单击鼠标右键，在弹出的快捷菜单中单击"取消"，或者按键盘上的 ESC 键结束复制命令。

注意

通过复制的方式生成标高可在复制时输入准确标高间距，但观察"项目浏览器"中，并未生成相应的楼层平面。

6）用"阵列"的方式绘制标高，可一次绘制多个间距相等的标高，此种方法适用于多层或高层建筑。选择标高"F5"，单击"修改 / 标高"上下文选项卡 > "修改"面板 > "阵列"工具，弹出设置选项栏（如图 2-10 所示），取消勾选选项栏的"成组并关联"，输

修改 | 标高 　〔画〕〔◎〕☑成组并关联　项目数: 6　　移动到: ◉ 第二个　◯ 最后一个　☑ 约束　　〔激活尺寸标注〕

图 2-10

入项目数为"6"即生成包含被阵列对象在内的共 6 个标高为保证正交,可以勾选"约束"选项以保证正交。

7)设置完选项栏后,光标单击标高 F5,向上移动,键盘输入标高间距"3000",按回车,将自动生成标高 F6~F10。

📖 注意

如勾选选项栏"成组并关联"选项,阵列后的标高将自动成组,需要编辑该组才能调整标高的标头位置、标高高度等属性。

8)选择标高 F10,使用复制的方式,向上复制标高 F11,输入间距为"3500"。

9)观察"项目浏览器"中的"楼层平面"下的视图,通过复制及阵列的方式创建的标高均未生成相应平面视图(如图 2-11 所示);同时观察立面图(如图 2-12 所示),有对应楼层平面的标高标头为蓝色,没有对应楼层平面的标头为黑色,因此双击蓝色标头,视图将跳转至相应平面视图,而黑色标高不能引导跳转视图。

图 2-12

10)如图 2-13 所示,切换到"视图"选项卡,依次单击"平面视图">"楼层平面",在弹出的"新建平面"对话框中单击第一个标高"F4",按住键盘上 Shift 键单击最后一个标高 F11,以上操作将全选所有标高(如图 2-14 所示),按"确定"按钮,再次观察"项目浏览器"(如图 2-15 所示),所有复制和阵列生成的标高已创建了相应的平面视图。完成后保存练习文件,完成后的效果参见光盘中"第 2 章　案例的项目准备"文件夹中提供的文件"01_ 标高绘制 .rvt"。

图 2-11

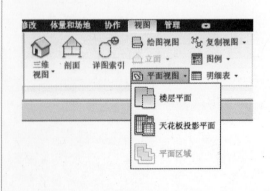

图 2-13

图 2-14

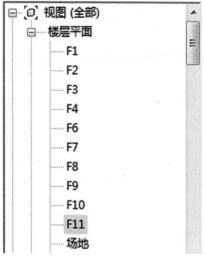

图 2-15

2.3 绘制轴网

下面我们将在平面图中创建轴网。在 Revit Architecture 中轴网只需要在任意一个平面视图中绘制一次，其他平面和立面、剖面视图中都将自动显示。接上节练习，打开光盘中 "第 2 章 案例的项目准备" 文件夹中提供的文件 "01_ 标高绘制 .rvt"。在项目浏览器中双击 "楼层平面" 下的 "F1" 视图，打开首层平面视图。

1）单击 "常用" 选项卡 > "基准" 面板 > "轴网" 工具，移动光标到绘图区域中左下角单击鼠标左键捕捉一点作为轴线起点。然后从下向上垂直移动光标一段距离后，再次单击鼠标左键捕捉轴线终点创建第一条

垂直轴线，观察轴号为 1。

2）选择 1 号轴线，单击功能区的 "复制" 命令，在选项栏勾选多重复制选项 "多个" 和正交约束选项 "约束"（如图 2-16 所示）。

3）移动光标在 1 号轴线上单击捕捉一点作为复制参考点，然后水平向右移动光标，输入间距值 3400 后按 "Enter" 键确认后完成 2 号轴线的复制。保持光标位于新复制的轴线右侧，继续依次输入 1800、700、1350、1350、700、1800、3400，并在输入每个数值后按 "Enter" 键确认，完成 3~9 号轴线的复制（如图 2-17 所示）。

4）10~17 号轴线与 1~9 号轴线间距

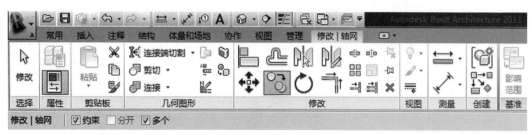

图 2-16

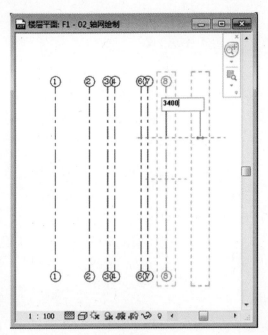

图2-17

> **注意**
>
> 本项目中1~8轴线以轴线9为中心镜像同样可以生成10~17轴线，但镜像后10~17轴线的顺序将发生颠倒，即轴线17将在最左侧，10号轴线将在最右侧，因为在对多个轴线进行复制或镜像时，Revit默认以复制源的绘制顺序进行排序因此绘制轴网时不建议使用镜像的方式。

相同，因此采用复制的方式快速绘制。从右下角向左上角交叉选择2~9号轴线，单击功能区"复制"工具，光标在1号轴线上任意位置单击作为复制的参考点，光标水平向右移动，在9号轴线上单击完成复制操作，生成10~17号轴线，完成（如图2-18所示）。

5）单击"常用"选项卡 > "基准"面板 > "轴网"工具，使用同样的方法在轴线下标头上方绘制水平轴线。选择刚创建的水平轴线，单击标头，标头数字18被激活，输入新的标头文字"A"，完成A号轴线的创建。

6）选择轴线A，单击功能区的"复制"命令，选项栏勾选多重复制选项"多个"和正交约束选项"约束"，移动光标在轴线A上单击捕捉一点作为复制参考点，然后水平向上移动光标至较远位置，依次在键盘上输入间距值600、3400、2200、300、1000、2000、1300、1400，并在每次输入数值后按"Enter"键确认，完成B~I号轴线的复制。

7）选择刚创建的水平轴线I，单击标头，标头文字I被激活，输入新的标头文字"J"完成后的轴网（如图2-19所示）。

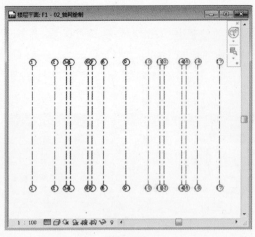

图2-18

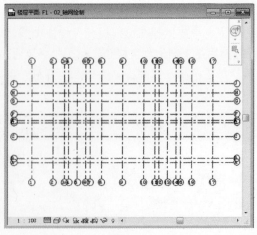

图2-19

第二部分 方案阶段

8）轴网绘制完成后需要根据出图需要对轴网进行编辑。选择任意一根轴线，会显示临时尺寸、一些控制符号和复选框（如图2-20所示），可以编辑其尺寸值、单击并拖拽控制符号可整体或单独调整标高标头位置、控制标头隐藏或显示、标头偏移等操作。

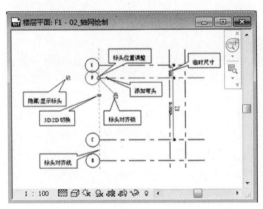

图 2-20

9）如果绘制完成后发现轴网不在四个立面符号中间，可以框选所有轴网，使用功能区移动命令，调整轴网位置，选择任意轴网，轴网标头内侧将出现空心圆，按住空心圆向上或向下拖动，将调整轴网长度，锁形标记表示该标头与其他标头对齐（如图2-21所示）。

图 2-21

10）根据轴线所定位的墙体位置及长度需对轴线进行调整：选择3号轴线，取消勾

选下标头下方正方形内的对勾，取消下标头的显示。单击轴线下标头旁边的锁形标记解锁，按住3号轴线下标头内侧的空心圆向上拖拽至C轴。

11）同样的方法取消3、4及6、7轴线下标头显示，并将调整下端点拖拽至C轴（如图2-22所示）。

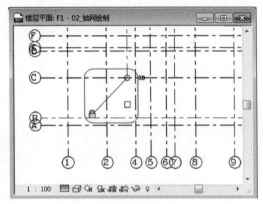

图 2-22

12）为距离近，产生干涉的轴网添加弯头：本例中需要选择3号轴线（如图2-23所示），单击轴线标头内侧的"添加弯头"符号⌇，偏移3号轴线标头，可拖拽夹点修改标头偏移的位置（如图2-24所示）。使用同样的方法处理轴线标头：7、11、15、B、D，编辑完成（如图2-25所示）。

13）打开平面视图F2观察，观察该视图发现针对轴线弯头的添加及个别轴头的可见性控制未传递到F2视图，回到F1视图，

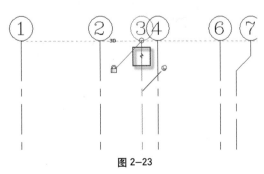

图 2-23

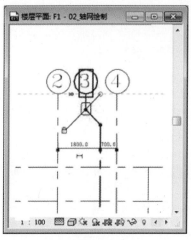

图 2—24

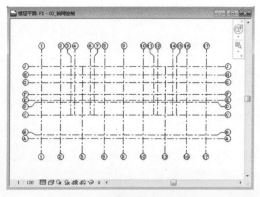

图 2—25

框选全部轴线，单击"修改 / 轴网"上下文选项卡 >"基准"面板 >"影响范围"工具，在弹出的"影响基准范围"对话框中，鼠标单击选择"楼层平面：F2"，然后按住 Shift 键单击视图名称"楼层平面场地"，所有楼层及场地平面被选择，单击任意被选择的视图名称左侧的矩形选框，将勾选所有被选择的视图，单击"确定"按钮完成应用（如图2-26 所示）。打开平面视图"F2"，针对轴线弯头的添加及个别轴头的可见性控制已经传递到 F2 视图。

14）为防止绘图过程中因误操作移动轴网，需将轴网锁定：打开平时视图"F1"，框选所有轴网，单击功能区工具"锁定锁定"。

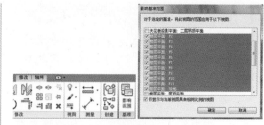

图 2—26

> 📖 **注意**
>
> 　　用"锁定"工具可以将建模构件锁定在适当的位置。锁定建模构件后，该构件就不能再移动了。如果试图删除锁定的构件，则 Revit Architecture 会显示警告，提示该构件已锁定。在图元旁边会显示一个图钉控制柄，表示该图元已被锁定。锁定后如需调整某条轴线，可选择该轴线，单击图 2-27 所示的图钉控制柄，将在此锁定控制柄附近显示 X，以指明该图元已解锁，修改完成后可再次单击图钉控制柄恢复锁定。如需将所有轴网解锁，请框选轴网，单击图 2-28 所示的功能区工具"解锁"。

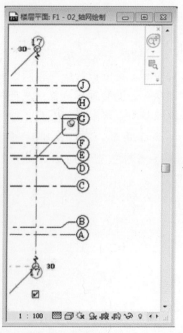

图 2—27

图 2-28

15）保存文件，完成后的效果参见光盘中"第 2 章　案例的项目准备"文件夹中提供的文件"02_ 轴网绘制 .rvt"。

第3章　方案阶段的户型设计

概述：户型作为住宅设计中与甲方和使用者发生最直接利益关系的内容，在项目的整个流程中具有前置性。在方案设计初期，经常需要设计师快速表达出自己的户型设计内容，即要对设计内容进行局部的深化和片断性的提取。但这与REVIT的三维理念及项目设计的完整性存在一定的冲突。如何在设计过程中弱化这种冲突，在深化户型设计的同时，兼顾与后续设计的连贯性，便成为了设计过程中一个不可回避的问题。

此章内容的讲解，从户型设计入手，将户型作为"单元模块"，结合了"组"的使用，快速拼接形成组合平面。并为后续设计中的快速深化及统一管理提供了方便。在一定程度上弱化了设计流程中成果的片断性输出与项目完整性之间的冲突。

3.1　绘制墙体

1）接上章练习，打开光盘中"第2章案例的项目准备"文件夹中提供的文件"02_轴网绘制.rvt"。

2）单击"常用选项卡">"构建"面板>"墙"工具，选择"属性"按钮，在弹出的"属性"对话框中选择墙类型"常规200"（如图3-1所示）。

3）如图3-2所示，单击"属性">"类型属性"工具，在弹出的"类型属性"对话框中单击"复制"按钮，在弹出的"名称"对话框中输入新名称"WQ_200_剪"，输入名称后确定，回到"类型属性"对话框。

4）单击"结构"后的"编辑"按钮，进入"编辑部件"对话框（如图3-3所示）。

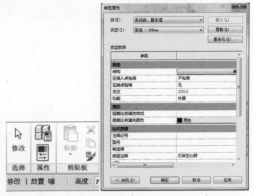

图3-2

5）单击层2材质后的浏览图标，进入"材质"对话框（如图3-4所示），在左侧的材质列表中下拉单击选择材质"FA_砼-钢筋"，三次确定，关闭所有对话框，完成墙体类型"WQ_200_剪"的创建。（砼为被废止的简化字）

图3-1

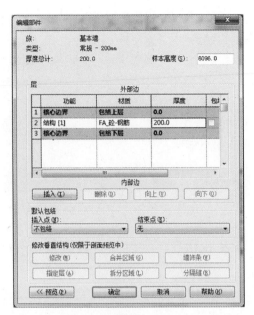

图 3-3

6）进行墙体绘制之前还需设置绘图区域上方的选项栏（如图 3-5 所示）：

（1）单击"高度"后的选项，选择"F2"，即墙体高度为当前标高即 F1，到设置标高 F2；

（2）修改定位线为"核心层中心线"。

（3）勾选"链"便于墙体的连续绘制（如图 3-5 所示）。

7）光标移动至绘图区域，借助轴网交点顺时针绘制墙体（如图 3-6 所示）。

> 📖 **注意**
>
> Revit Architecture 会根据墙的定位线为基准位置应用墙的厚度、高度及其他属性。即使墙类型发生改变，定位线也会是墙上一个不变的平面。例如，如果绘制一面墙并将其定位线指定为"核心层中心线"，那么即便选择此墙并修改其类型或结构，定位线位置仍会保持不动。本案例中需要在后续的设计中给外墙添加保温层，当其墙体厚度发生改变时，需要保证其结构层位置不变，故采用"核心层中心线"作为墙体定位线。

> 📖 **注意**
>
> 当"墙"命令被激活后，绘图区域上方将出现如图 3-5 所示的特定选项。

图 3-4

图 3-5

第 3 章　方案阶段的户型设计

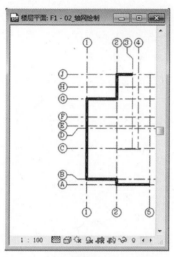

图 3-6

从 5 轴与 A 轴交点处开始，光标沿 A 轴向左移动至 2 轴，单击后光标沿 2 轴向上移动至 B 轴，单击后光标继续沿 B 轴向左移动至 1 轴，单击并沿 1 轴向上移动至 G 轴，单击后光标沿 G 轴向右移动至 2 轴，单击后光标沿 2 轴向上移动至 J 轴，单击后光标沿 J 轴向右移动至 3 轴，至此完成此段外墙的绘制，单击鼠标右键"取消"，或按键盘 Esc 键结束墙体绘制。

> **注意**
>
> Revit 中的墙体可以设置真实的结构层、涂层，即墙体的内侧和外侧可能具有不同的涂层，顺时针绘制可以保证墙体内部涂层始终向内，选择任意一面墙体（如图 3-7 所示），可单击墙体一侧出现的双向箭头，翻转面，出现箭头的一侧为墙体外侧。

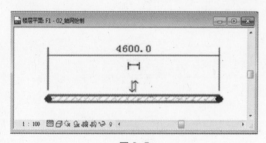

图 3-7

8）单击功能区"常用"选项卡下的"墙"命令，在类型选择器中选择墙类型"WQ_200_剪"，单击"属性">"类型属性"工具，在弹出的"类型属性"对话框中单击"复制"按钮，在弹出的"名称"对话框中输入新名称"NQ_200_剪"，两次确定关闭对话框。

> **注意**
>
> 在此阶段暂不为各墙体设置面层，内外墙结构层一致，均为 200mm 厚钢筋混凝土。

9）以同样的方法沿轴网顺时针绘制（如图 3-8 所示）内墙。某些墙体并未与任何轴网对齐，4 轴右侧墙体，可先绘制于 4 轴右侧大致位置，在绘制完成后，选择此墙体，将出现如图 3-9 所示的临时尺寸标注，单击修改墙体与 5 轴之间的临时尺寸标注数值为"850"，以此完成其准确定位。

10）单击功能区"常用"选项卡下的"墙"命令，在类型选择器中选择墙类型"WQ_200_剪"，单击功能区"属性">"类

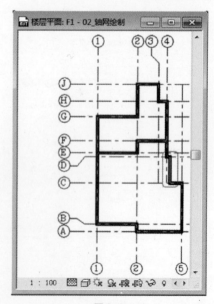

图 3-8

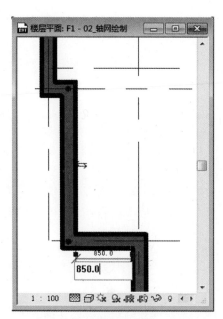

图 3-9

示）内墙，并保存文件，完成后的效果参见光盘中 "第3章 方案阶段的户型设计" 文件夹中提供的文件 "03_墙体绘制.rvt"。

图 3-10

型属性"工具，在弹出的"类型属性"对话框中单击"复制"按钮，在弹出的"名称"对话框中输入新名称"NQ_200_隔"后,确定,回到"类型属性"对话框。单击"结构"后的"编辑"按钮，进入如图 3-10 所示的"编辑部件"对话框。单击层 2，即结构层现有材质，单击材质后的浏览图标，进入"材质"对话框，在左侧的材质列表中下拉单击选择材质"FA_砼 – 加气砌块"，三次确定，关闭所有对话框。完成墙体类型"NQ_200_隔"的创建。

11）同样的方式复制墙体类型"NQ_200_隔"，生成新的类型"NQ_100_隔"，并在"编辑部件"对话框中将"NQ_100_隔"的结构层厚度设置为"100"。

12）沿轴网顺时针绘制（如图 3-11 所

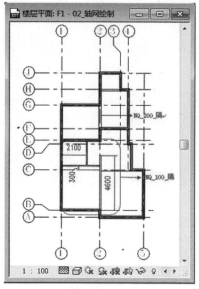

图 3-11

3.2 为项目添加窗

1）接上节练习，打开光盘中 "第3章方案阶段的户型设计" 文件夹中提供的练习文件 "03_墙体绘制.rvt"。

2）确认打开项目浏览器中"楼层平面">"F1"视图,单击"常用选项卡">"构建"面板>"窗"命令,Revit 将自动打开"放置窗"

的上下文选项卡,单击"属性"按钮,从下拉列表中选择窗"塑钢窗 C1215",单击"编辑类型",打开"类型属性"对话框(如图3-12,图3-13所示)。

图 3-12

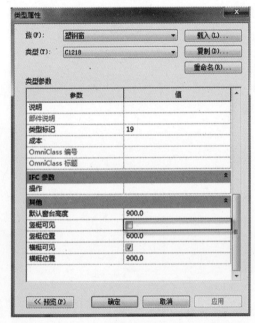

图 3-13

取消勾选"竖挺可见"参数,单击"复制"按钮,在弹出的"名称"对话框中输入新的名称"C1218",确定后修改窗高度"1800",再次确定后完成窗"C1218"的创建。

3)光标移动到绘图区域 J 轴上的墙体上,单击放置窗 C1218 至下图中 2、3 轴之间任意位置,选择窗刚刚插入的窗"C1218",将左侧出现的与做左墙面的临时尺寸标注修改为 0,实现该窗的准确定位(如图3-14所示)。

4)使用同样的方法,单击"常用选项卡">"构建"面板>"窗"命令,在"放置窗"的上下文选项卡,单击"属性"按钮,从下拉列表中选择窗"塑钢窗 C1215",单击"编辑类型",在打开的"类型属性"对话框,以窗 C1215 为基础复制新的窗类型

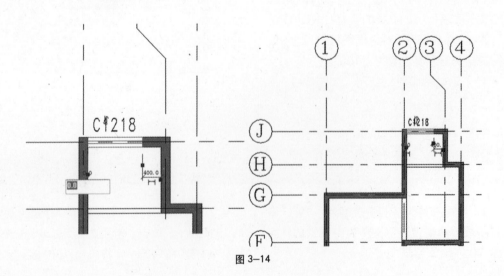

图 3-14

第二部分 方案阶段

"C0918"，并将窗高度设置为"1800"，宽度设置为"900"。

5）光标在 2 轴上 J 轴和 H 轴中间任意位置单击放置窗 C0918，并选择窗 C0918，修改其距离上方墙体内侧的临时尺寸标注数值为 100（如图 3-15 所示）。

6）同样的方法，以窗 C1215 为基础复制新的窗类型"C1415"，并将窗高度设置为"1500"，宽度设置为"1400"，并放置在（如图 3-16 所示）的位置。

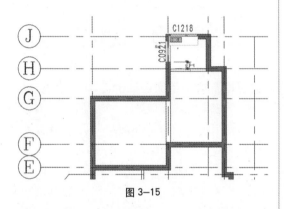

图 3-15

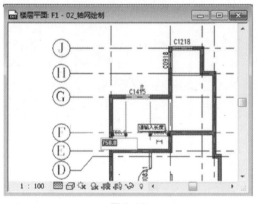

图 3-16

7）同样的方法，以窗 C1215 为基础复制新的窗类型"C1818"，并将窗高度设置为"1800"，宽度设置为"1800"，并放置在（如图 3-17 所示）的位置。

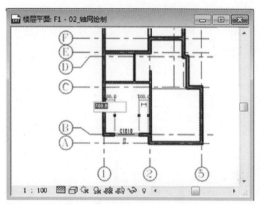

图 3-17

📖 **注意**

在平面插入窗，其窗台高为"默认窗台高"参数值。在立面上，可以在任意位置插入窗。在插入窗族后，立面出现绿色虚线，此时窗台高为"默认窗台高"参数值。

修改窗的实例参数中的底高度，实际上也就修改了窗台高度，但不会修改类型参数中的默认窗台高。修改了类型参数中默认窗台高的参数值，只会影响随后再插入的窗户的窗台高度，对之前插入的窗户的窗台高度并不产生影响。

3.3 为项目添加门

1）接上节练习，单击"常用选项卡" > "构建"面板 > "门"工具，Revit 将自动打开"放置门"的上下文选项卡，单击"属性"按钮，从下拉列表中选择门"M_单开门 M0821"，光标移动到绘图区域 F 轴墙体上，将出现门的预览，光标移动到墙体上方，门的预览将向上开启，光标移动到墙体下方，预览的门将向下开启，本项目中该门向上开启，因此光标停留在墙体略向上方的位置，按键盘空格键会发现该键可以切换门的左右开启方向，通过光标及空格键将门调整到下图中的开启方向时，单击放置"M_单开门M0821"，并通过临时尺寸标注修改门距左侧墙体距离为"700"（如图3-18所示）。

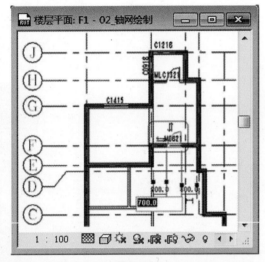

图3-18

> 📖 注意
>
> 　　插入门窗时输入"SM"，自动捕捉到中点插入；放置后的门可以通过上下及左右方向的双向箭头以及键盘空格键调整开启方向；拾取主体：选择"门"，打开"修改/门"的上下文选项卡，单击"主体"面板的"拾取主体"命令，可更换放置门的主体。即把门移动放置到其他墙上。

　　同样的方法继续放置"M_单开门M0821"到下图中的位置，并调整该门距上方墙体墙面"850"mm（如图3-19所示）。

　　2）使用同样的方法，单击"常用选项卡">"构建"面板>"门"工具，在

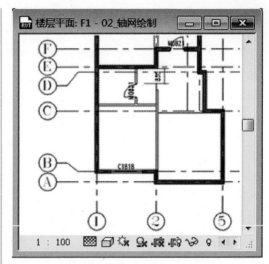

图3-19

"放置门"的上下文选项卡，单击"属性"点击"编辑类型"，打开"类型属性"对话框，以"M_单开门M0821"为基础复制新的门类型"M0921"，并将门宽度设置为"900"。并将门M0921按下图中的位置及开启方向放置，通过临时尺寸标注将两扇门距右侧墙体距离均修改为50mm（如图3-20所示）。

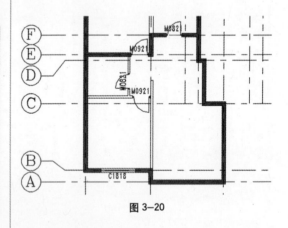

图3-20

　　3）同样的方法以"M_单开门M0821"为基础复制新的门类型"M1022"，并将门的高度设置为2200，宽度设置为"1000"，并按下图中的位置放置"M1022"，通过临时尺寸标注修改该门距上方墙体的墙面距离为50mm（如图3-21所示）。

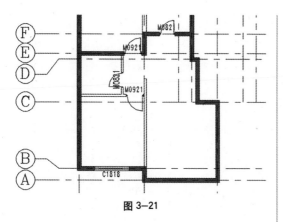

图 3-21

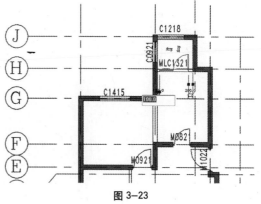

图 3-23

4）单击"插入"选项卡 > "从库中载入"面板 > "载入族"工具，在弹出的"载入族"对话框中选择光盘中的"第3章 方案阶段的户型设计"下的"案例所需文件"文件夹中的族文件"M_门联窗"与"M_推拉门_双开"（按键盘上 Ctrl 键可多选，一次载入多个族文件）并单击右下角"打开"按钮（如图 3-22 所示）。

图 3-22

5）以"M_门联窗"为基础，在其"类型属性"对话框中复制新的类型"MLC1321"，并设置门宽为"700"，高度为"2100"，宽度为"1300"，并放置在下图中的位置上，通过临时尺寸标注调整该门距离左侧墙面100mm（如图 3-23 所示）。

6）同样的方法以"M_推拉门_双开"，为基础，在其类型属性对话框中复制新的类型"TLM2123"，并设置高度为"2300"，宽度为"2100"，并放置在下图中的位置上，通过临时尺寸标注调整该门距离左侧墙面500mm（如图 3-24 所示）。

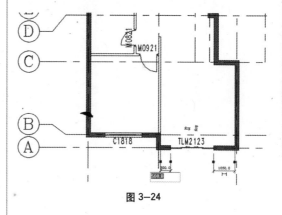

图 3-24

7）完成后保存文件，本节完成后的效果参见光盘中"第3章 方案阶段的户型设计"文件夹中提供的文件"04_添加门窗.rvt"。

3.4 房间的定制

1）接上节练习，打开光盘中"第3章 方案阶段的户型设计"文件夹中提供的练习文件"04_添加门窗.rvt"。

2）确认打开项目浏览器中"楼层平面" > "F1"视图，单击"常用"选项卡 > "房间和面积"面板 > "房间"工具，光标移动到绘图区域最上方的闭合房间单击，放置房间及房间标记（如图3-25所示）。同样的方法光标依次在闭合房间内打击为所有房间添加房间和房间标记。

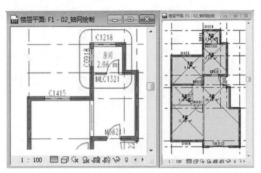

图 3-25

3）某些房间为半闭合空间，需要添加房间分割线：单击"常用选项卡" > "房间和面积"面板 > "房间"，单击"房间分隔线"工具，光标在如图3-26所示的位置绘制用于分割房间的线条。

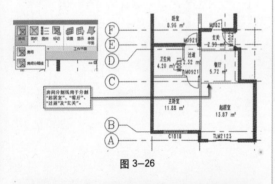

图 3-26

📖 **注意**

因分隔线在绘制完成后与附近墙体自动关联，当分隔线端部与墙体端头相接时，容易自动捕获墙体中心，所以当所属模型组发生旋转、镜像等操作时，容易发生端部偏移，所以建议将分隔线适当加长，可以与墙有部分重叠，不会影响房间的闭合。

4）单击"常用选项卡" > "房间和面积"面板 > "房间"工具，光标移动到绘图区域

为房间分隔线新划分的房间添加房间及房间标记（如图3-27所示）。同样的方法光标依次在闭合房间内单击为所有房间添加房间和房间标记。

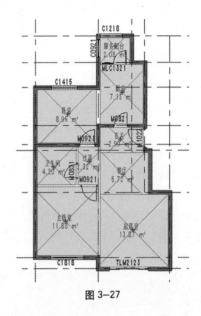

图 3-27

5）选择房间标记，单击"房间"，房间名称变为可输入状态，输入新的房间名称，房间名称如下图，依次改为："服务阳台"、"厨房"、"卧室"、"玄关"、"卫生间"、"过道"、"餐厅"、"主卧室"、"起居室"（如图3-28所示）。

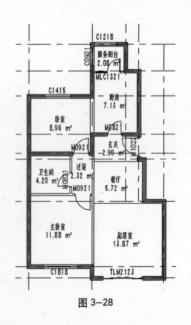

图 3-28

6）完成后保存文件，本节完成后的效果参见光盘中"第3章 方案阶段的户型设计"文件夹中的文件"05_房间的定制.rvt"。

3.5 家具布置

1）接上章练习，打开光盘中"第3章 方案阶段的户型设计"文件夹中提供的文件"05_房间的定制.rvt"。

2）点击"插入"选项卡 > "从库中载入"面板 > "载入族"工具，打开配套光盘中"第3章 方案阶段的户型设计"\"案例所需文件"\"家具族"，选择全部族文件，单击"打开"载入族文件（如图3-29所示）。

图3-29

📖 **注意**

在项目中如无特殊要求（如做室内效果图）的情况下优先选择二维构件，以此降低文件数据量，提高运行速度。

3）点击"常用"选项卡 > "构建"面板 > "构件"工具，在类型选择器中选择"卫浴_坐便a_2D"在图示位置进行放置，相同操作完成淋浴间及洗面台的放置，完成后（如图3-30所示）。

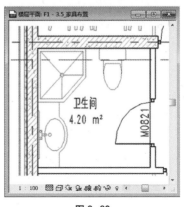

图3-30

注意

在放置之前，可通过空格键调整构件的放置方向。

4）重复上步操作，完成其他房间家具的摆放，具体位置可参照下图。其中新建类型"家具_桌子_2D：1700×700"（即长度为1700mm，宽度为700mm）作为卧室的书桌；新建类型"家具_桌子_2D：500×500"（即长度为500mm，宽度为500mm）作为床头柜与小茶几（位于起居室三人沙发两侧）；新建类型"家具_桌子_2D：1500×600"（即长度为1500mm，宽度为600mm）作为起居室的茶几；新建类型"家具_桌子_2D：2400×500"（即长度为2400mm，宽度为500mm）作为起居室的电视柜；新建类型"家具_桌子_2D：1800×400"（即长度为1800mm，宽度为400mm）作为主卧室的电视柜；其余构件均为默认类型（如图3-31所示）。

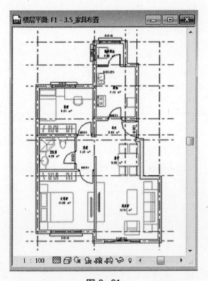

图 3-31

5）点击"注释"选项卡 >"详图"面板 >"详图线"按钮，在类型选择器中选择"01_实线_灰"在图示位置绘制两条直线示意操作台边界（如图3-32所示）。

图 3-32

6）重复上部操作，完成图示厨房、卫生间排气道的放置（如图3-33所示）。

图 3-33

7）完成后保存文件，本节完成后的文件参见光盘中"第3章 案例的施工图设计"文件夹中的文件"06_家具布置.rvt"。

第4章 方案阶段的标准层设计

4.1 标准层设计

1）接上节练习，打开光盘中"第3章方案阶段的户型设计"文件夹中提供的练习文件"06_家具布置.rvt"。

2）确认打开项目浏览器中"楼层平面">"F1"视图，光标从视图左上方向右下方框选除轴网外的所有构件，单击"选择多个"选项卡>"创建"面板>"创建组"工具，在弹出的"创建模型组和附着的详图组"对话框，输入模型组名称为"户型-A"，详图组名称为"X-户型-A"并确定，完成组的创建（图4-1）。

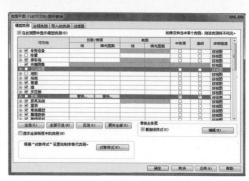

图4-2

改模型组"上下文选项卡的>"修改"面板>"镜像"工具，光标移动到绘图区域，在5轴上单击，即以5轴为中心镜像组"户型-A"，完成（图4-3）。

图4-1

3）为了方便后续的绘制，在视图中隐藏上节"06_家具布置.rvt"中添加的家具构件，"常用选项卡">"视图"面板>"可见性/图形"工具，在弹出的"可见性/图形替换"对话框取消"家具"、"卫浴装置"、"电器装置"、"橱柜"和"线>01_实线_灰"的可见（图4-2）。

4）光标移动到"户型-A"组上，当外围出现矩形虚线时单击选择组，单击"修

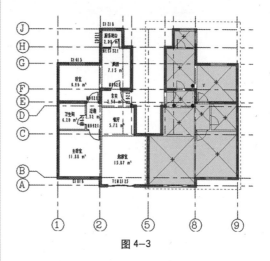

图4-3

注意

右下角将弹出下图中的提示（如图4-4所示）。

図 4-4

5）由于镜像组时有一面墙重叠，发生错误警告，光标移动到 5 轴重叠的墙体上，按 Tab 键帮助选择重叠的任意一面墙，单击该墙旁边的图钉图标，将该墙体排除出组（如图 4-5 示）。即一个组中已经没有该墙体了，解决了墙体的重叠问题。

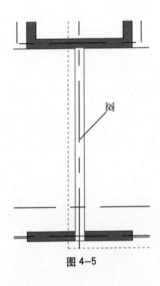

图 4-5

6）选择现有的两个模型组，同样的方法单击"修改模型"上下文选项卡 > "修改"面板 > "镜像"工具，光标移动到绘图区域，以 9 轴为中心镜像现有两个模型组（如图 4-6 示）。

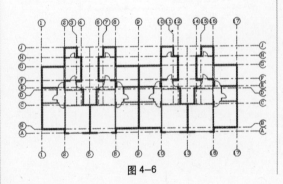

图 4-6

7）同样的方法，按 Tab 键帮助选择 9 轴上的一面重叠的墙，单击该墙旁边的图钉图标，将该墙体排除出组（如图 4-7 所示）。

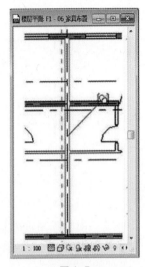

图 4-7

8）单击"常用"选项卡 > "构建"面板 > "墙"工具，在"放置墙"选项卡"属性"面板"修改图元类型"下拉列表中选择墙体"WQ_200_剪"，选项栏确保墙体高度设置为"F2"，光标在绘图区域 J 轴上 4~7 轴之间从左向右绘制下图中的墙体，在下拉列表中选择墙体"NQ_100_隔"，从 H 轴与 4 轴交点向上绘制至 J 轴，右键单击取消后从 H 轴与 6 轴交点向上绘制至 J 轴，完成墙体的添加（如图 4-8 所示）。

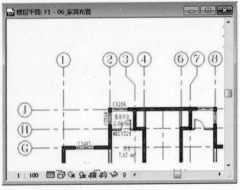

图 4-8

9）单击"修改"选项卡＞"编辑"面板＞"对齐"命令，光标在绘图区域借助Tab键选择4轴与H~G轴处墙体右侧表面后继续借助Tab键选择新创建的4轴上的"NQ_100_隔"右边的面层，将两面墙的面层对齐,同样的方法对齐6轴上的"NQ_100_隔"（如图4-9所示）。

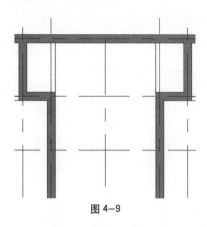

图4-9

10）根据前面讲到的方法，选择窗"C0918"，放置在（如图4-10所示）的位置。

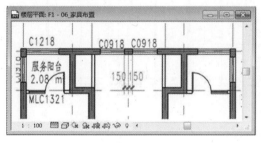

图4-10

11）以"M_双开门1521FBM甲"为基础复制新的门类型"FM0921甲"并修改门的"高度"为2100，宽度为"900"。光标移动到绘图区域，在刚刚绘制的两面"NQ_100_隔"上，（如图4-11所示）位置放置防火门"FM0921甲"。

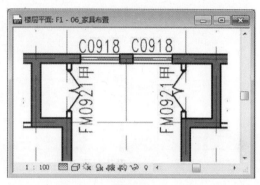

图4-11

> 📖 **注意**
>
> 按SM键可以帮助居中放置，（为SM捕捉中心点的快捷键，快捷键可自己设置）。

12）单击"常用选项卡"＞"房间和面积"面板，"房间"按钮上半部分，在"属性"选项卡＞"修改图元类型"，下拉列表中选择"房间"，及房间标记中只包含房间名称信息，光标移动到绘图区域为房间新创建的房间添加房间标记（如图4-12所示）。

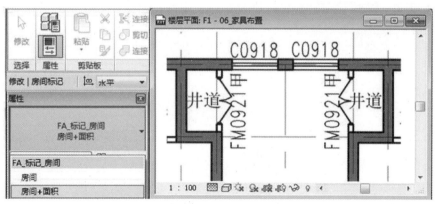

图4-12

13）选择刚刚创建的新墙体、门、窗及房间，单击"选择多个"选项卡 > "修改"面板 > "复制"工具，光标在 3 轴上单击作为复制的起点，水平向右移动至 11 轴单击完成新构件的复制（如图 4-13 所示）。

14）选择 5~9 轴之间的单元组，单击"修改 模型组"上下文选项卡 > "成组"面板 > "附着的详图组"工具，在弹出的"附着的详图组放置"对话框中勾选"楼层平面：X- 户型 -A"，并确定，观察视图中组已添加了相关的注释图元（如图 4-14 所示）。

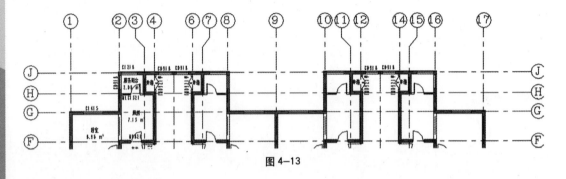

图 4-13

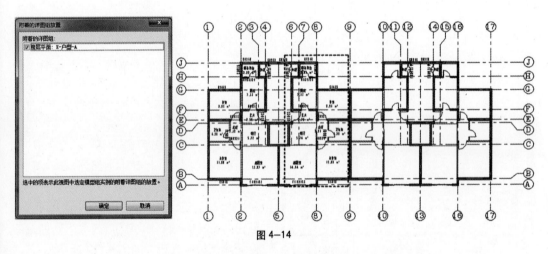

图 4-14

使用相同的方法为 9-13 轴和 14-17 轴的模型组附着详图组。

15）完成后保存文件，本节完成后的效果参见光盘中"第 4 章 方案阶段的标准层设计"文件夹中的"07_ 平面组合 .rvt"文件。

4.2　楼板的搭建

考虑将来施工设计中，一般的建筑做法划分，我们将楼板绘制大概分为 4 个区域：生活区域（除服务区域及阳台外的其他房间）、服务区域（卫生间、厨房及服务阳台）、室外阳台及核心筒区域（即楼梯间）。

1）接上节练习，打开光盘中"第 4 章

方案阶段的标准层设计"文件夹中提供的练习文件"07_平面组合.rvt"。

2）确认打开项目浏览器中"楼层平面">"F1"视图，开始绘制生活区楼板：单击"常用"选项卡>"构建"面板>"楼板"工具，进入楼板的草图绘制模型。单击"创建楼层边界"选项卡>"属性面板">"属性"，在弹出的"属性"对话框中单击"编辑类型"按钮，进入"类型属性"对话框，单击"类型"

后的"复制"按钮，在弹出的"名称"对话框中输入新名称"SH-150"，单击确定（如图4-15所示）。

单击"结构"项后的"编辑"按钮，进入"编辑部件"对话框，确保结构层厚度为150mm，并单击材质"<按类别>"，单击材质后部的浏览按钮 ，即可进入"材质对话框"（如图4-16所示）。

在材质对话框中左侧"材质类"后的下

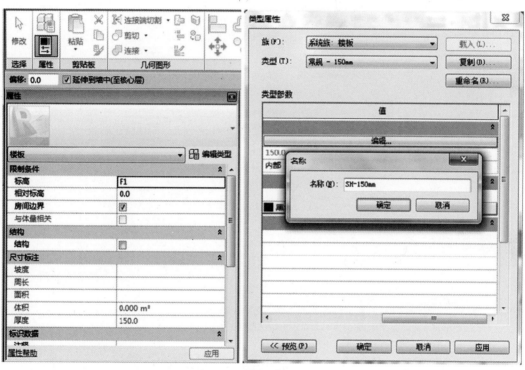

图 4-15

图 4-16

拉列表选择"<全部>"在材质列表中选择材质"FA_砼－钢筋",多次"确定"关闭所有对话框完成新的楼板类型"SH-150"的创建(如图4-17所示)。

3)Revit默认激活了"创建楼板边界"选项卡>"绘制"面板>"边界线"的"拾取墙"工具,光标在绘图区域拾取如下墙面(如图4-18所示)。

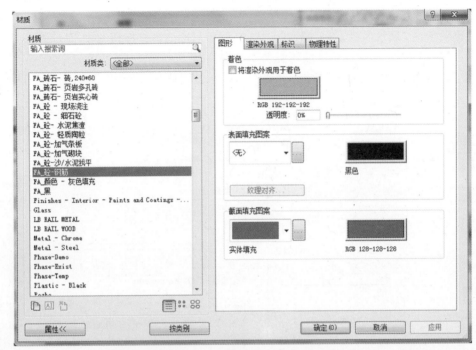

图 4-17

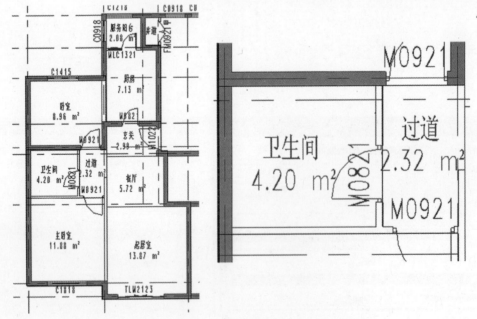

图 4-18

选择拾取生成的边界线，单击出现的双向箭头可切换该线条位置，可由内墙面切换为外墙面或由外墙面切换到内墙面。

单击"修改"面板 >"修剪"工具，光标在绘图区域依次单击交叉的边界线，修剪掉多余部分（如图 4-19 所示）。

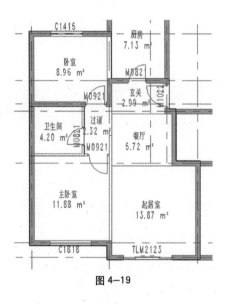

图 4-19

单击"修改"面板 >"拆分单元"工具，光标在下图所框选的部分单击拆分该线条为两段，再对两个角进行修剪，完成闭合轮廓的绘制（如图 4-20 所示）。单击"模式"面板 >"完成编辑模式"，完成楼板的绘制。单击"快速访问工具栏"的"三维视图"工具，观察三维视图中的楼板（如图 4-21 所示）。

楼板轮廓必须为一个或多个闭合轮廓。不同结构形式建筑的楼板加入法：框架结构楼板一般至外墙边；砖混结构为墙中心线；剪力墙结构为墙内边。

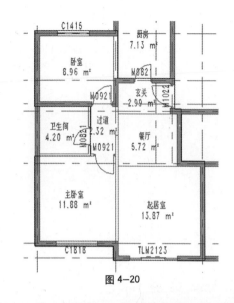

图 4-20

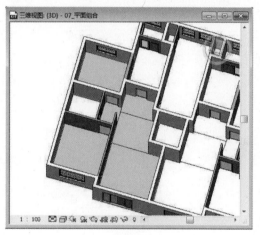

图 4-21

4）同样的方式，以楼板"SH-150"为基础，复制新的楼板类型"FW-150"，楼板材质及结构层厚度不变，光标在绘图区域绘制下图中的两个闭合轮廓（如图 4-22 所示）。

在绘制此节内容中的楼板时，在设计初期我们虽然将楼板分块，但其构造做法暂定一致，在后续的施工设计中将对其进行细分。

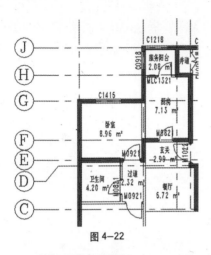

图 4-22

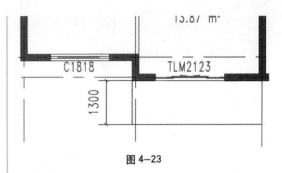

图 4-23

5）同样的方式以楼板"SH-150"为基础，复制新的楼板类型"YT-150"，绘制闭合轮廓完成室外阳台楼板的绘制（如图 4-23 所示）。

6）单击"常用"选项卡 > "房间和面积"面板 > "房间"向下箭头 > "房间分隔线"，沿刚刚绘制的阳台楼板边缘线绘制三条分隔

线，与墙共同围合出一个闭合房间，并使用"房间"工具添加新的房间,并将名称改为"阳台"（如图 4-24 所示）。

7）选择 1-5 轴的模型组"户型-A"，单击"修改 模型组"选项卡 > "成组"面板 > "编辑组"工具，单击"编辑组"面板 > "添加"工具，光标在绘图区域选择刚刚绘制的所有楼板、及阳台房间分隔线后单击"编辑组"面板 > "完成"。观察其他组都已添加了新绘制的楼板（如图 4-25 所示）。

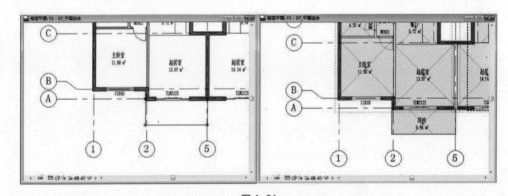

图 4-24

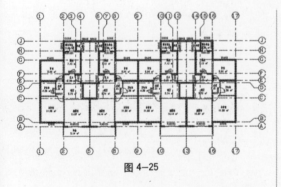

图 4-25

8）按 Tab 键，参照状态栏提示，选择

详图组"X-户型-A"（如图 4-26 所示），使用同样的方法编辑组，并将阳台的房间标记添加到该详图组中。

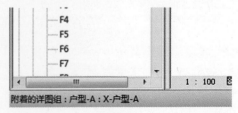

图 4-26

在将阳台添加到模型组"户型–A"时，切记将阳台房间隔线一并添加。

9）完成后保存文件，本节完成后的效果参见光盘中"第 4 章 方案阶段的标准层设计"文件夹中的文件"08_ 楼板绘制 .rvt"。

4.3 交通核设计

4.3.1 绘制楼梯

1）接上节练习，打开光盘中"第 4 章 方案阶段的标准层设计"文件夹中提供的练习文件"08_ 楼板绘制 .rvt"。

2）确认打开项目浏览器中"楼层平面" > "F1"视图，开始绘制楼梯：单击"常用"选项卡 > "楼梯坡道"面板 > "楼梯"，进入楼梯的草图绘制模式，单击"创建楼梯草图"选项卡 > "属性"面板打开"类型属性"对话框，设置"类型"为"整体式楼梯"，并设置"宽度"为"1200"；"所需踢面数"为"18"；"实际踏板深度"为"280"，确定后关闭"属性"对话框（如图 4–27 所示）。

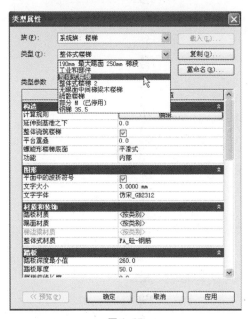

图 4–27

3）单击"工具"面板"扶手类型"工具，在弹出的"扶手类型"对话框中选择扶手类型为"1100"并确定（如图 4–28 所示）。

图 4–28

4）单击"属性"面板，进入"类型属性"对话框，确保勾选"开始于踢面"及"结束于踢面"的复选框，两次"确定"关闭所有对话框（如图 4–29 所示）。

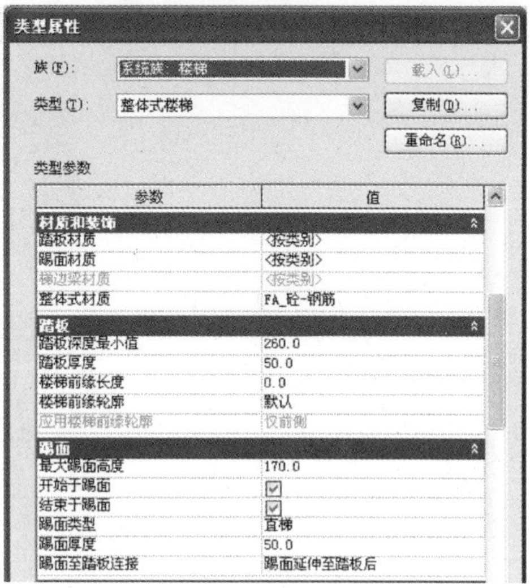

图 4–29

5）单击上下文选项卡的"创建楼梯草图" > "绘制"面板 > "踢段"工具，光标移动到绘图区域如下图楼梯的近似位置，单

击开始向上绘制踢段，注意踢段右下角提示信息，当提示"创建了9个踢面，剩余9个"的提示时光标单击，并水平向右移动至大致

位置单击，向下移动，当光标超过"创建了18个踢面，剩余0个"的位置时单击，完成楼梯近似位置的绘制（如图4-30所示）。

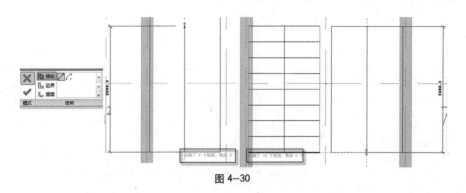

图4-30

6）调整楼梯位置。

7）选择确定休息平台宽度的线条，使用临时尺寸标注修改休息平台宽度为1500mm（如图4-31所示）。

8）框选刚刚绘制的所有楼梯草图，单

击"移动"工具，将楼梯向上移动，将上部休息平台位置与上部内墙面对齐，左侧边界线与左侧墙面对齐（如图4-32所示）。

9）框选楼梯右侧踢段及边界，使用移动命令与右侧墙面对齐（如图4-33所示）。

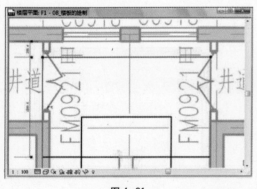

图4-31

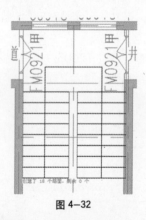

图4-32

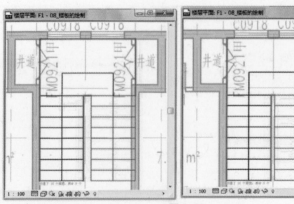

图4-33

通过上面的操作实现楼梯位置的准确定位。

也可以在绘制楼梯前通过"参照平面"为楼梯的起始踏步、休息平面准确定位。

10）单击"完成楼梯"按钮，完成楼梯的绘制，观察完成后的效果，如下图所示。选择外围的扶手，单击"修改扶手"选项卡＞"修改"面板＞"删除"按钮，删除靠墙的扶手。完成楼梯的绘制（如图 4-34 所示）。

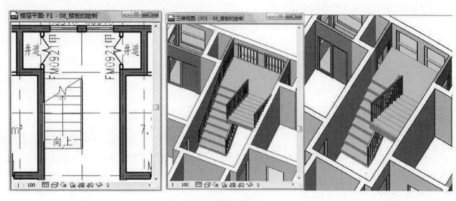

图 4-34

4.3.2 添加电梯

1）回到平面视图"F1"，开始添加电梯构件：单击"插入"选项卡＞"从库中载入面板"＞"载入族"按钮，在弹出的"载入族"对话框中选择光盘中的"第 4 章 方案阶段的标准层设计"\"案例所需文件"\"DT_电梯_后配重_多层.rfa"并单击"打开"按钮，完成电梯族的载入。

2）单击"常用"选项卡＞"构建"面板＞"构件"按钮，在"放置构件"的上下文选项卡单击"属性"面板＞"属性"下拉列表选择"DT_电梯_后配重_多层 2200×1100"，单击"属性"＞"编辑属性"按钮，进入"类型属性"对话框，单击"类型"后的"重命名"按钮，在弹出的"名称"对话框中输入新的类型名称："1350×1400"，并确定（如图 4-35 所示）。修改电梯设置：轿箱深度 =1350mm、轿箱宽度 =1400mm、配重偏移 =0。

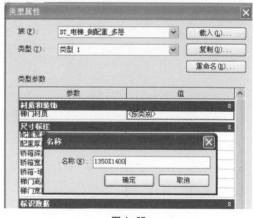

图 4-35

3）光标移动至绘图区域电梯井上方墙面，Revit 将自动拾取中心位置，单击放置电梯（如图 4-36 所示）。

4）单击"常用"选项栏＞"房间和面积"面板＞"房间"按钮上半部分，取消勾选选项栏"在放置时进行标记"前的复选框，光标移动至楼梯间和电梯间填充房间，右键"取消"结束房间的添加（如图 4-37 所示）。

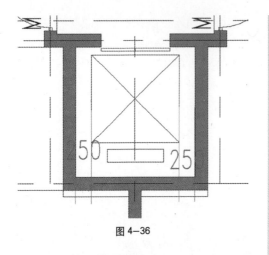

图 4-36

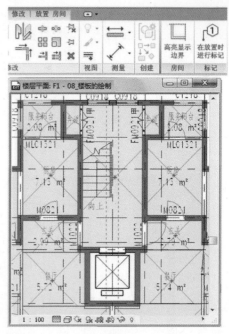

图 4-37

5）选择刚刚添加的楼梯间的房间填充，单击"属性"按钮，在打开的"属性"对话框，修改房间名称为"楼梯间"，并确定关闭对话框。同样的方法将电梯间的房间名称修改为"电梯井"（如图 4-38 所示）。

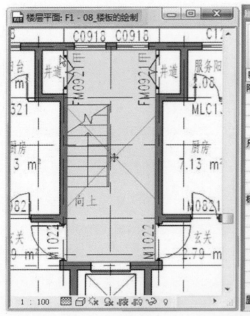

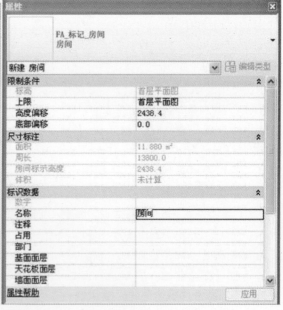

图 4-38

注意

房间填充如不方便选择可以借助 Tab 键帮助选择。

6）按 Ctrl 多选刚刚绘制的：楼梯、扶手、电梯、楼梯间房间填充、电梯井房间填充等构件（如图 4-39 所示），单击"选择多个"

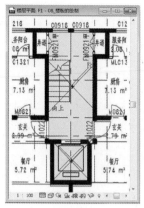

图 4-39

选项卡 > "修改" 面板 > "复制" 工具，光标在绘图区域单击楼梯左侧墙面任意位置，如角点为复制参照点，水平向右移动至右侧楼梯间与左侧墙面相同位置单击，完成水平向右复制（如图 4-40 所示）。

7）完成后保存文件，本节完成后的效果参见光盘中 "第 4 章 方案阶段的标准层设计" 文件夹中提供的文件 "09_ 交通核设计 .rvt"。

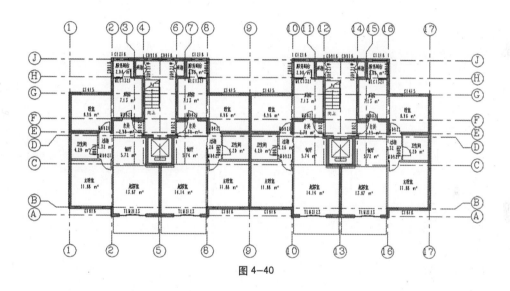

图 4-40

4.4 成果输出

4.4.1 平面图深化

前面完成了此住宅的平面设计，本节内容讲解如何将搭建的模型转变为方案阶段的平面图进行输出。

1）接上节练习，打开光盘中 "第 4 章 方案阶段的标准层设计" 文件夹中提供的练习文件 "09_ 交通核设计 .rvt"。

2）确保打开平面视图 F1，为了快速的为轴网添加尺寸标准，需要单击 "常用" 选项卡 > "构建" 面板 > "墙" 工具，单击 "绘制" 面板 > "矩形" 工具，从左上至右下绘制如图 4-41 所示的矩形墙体，保证跨越所有轴网，绘制完成后，击右键 "取消"，结束墙体绘制。

3）单击 "注释" 选项卡 > "尺寸标注" 面板 > "对齐" 命令，设置选项栏拾取后的选项为 "整个墙"，单击 "选项" 按钮，在

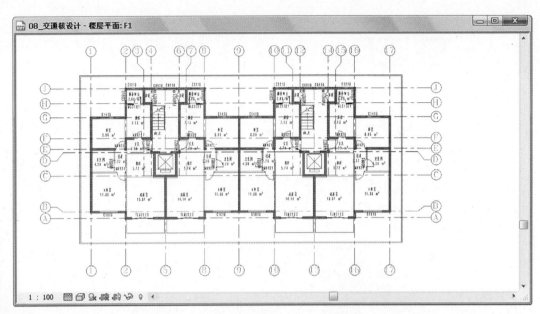

图 4-41

弹出的"自动尺寸标注选项"对话框中按下图设置，勾选"洞口"、"宽度"、"相交轴网"选项（如图 4-42 所示）。

光标在绘图区域，移动到刚刚绘制的矩形墙体的一面上单击将创建整面墙以及与该墙相交的所有轴网的尺寸标注，在适当位置单击放置尺寸标准（图 4-43）。

同样的方法借助矩形墙体标注另外三面墙体的轴网（图 4-44）。

光标放置在矩形墙体的任意位置，按键

图 4-42

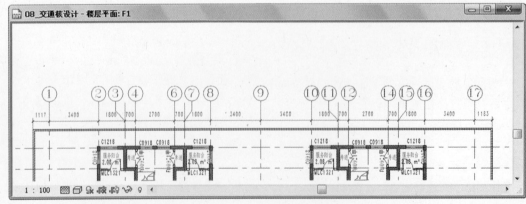

图 4-43

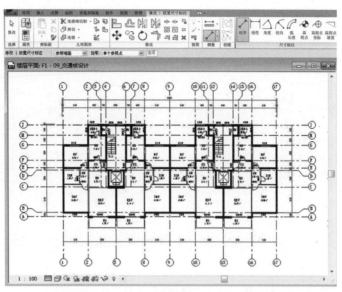

图 4—44

盘上的 Tab 键，当切换到矩形整个轮廓时单击选中矩形轮廓，并删除。

> **注意**
>
> 在 Revit 中尺寸标注依附于其标注的图元存在，当参照图元删除后，其依附的尺寸标注也被删除，而其上部操作中添加的尺寸是借助墙体来捕捉到关联轴线，只有端部尺寸标注依附于墙体存在，所以当墙体删除以后，尺寸标注只有端部尺寸被删除。

4）选择刚刚绘制的上部的轴网尺寸标注，单击"尺寸界线"面板 > "编辑尺寸界线"工具，借助 Tab 键单击左侧外墙面，及右侧外墙面，添加半墙尺寸标准。添加完成后在任意无参照的位置单击即可结束尺寸界限的编辑（如图 4—45 所示）。同样的方法为各个方向的轴网尺寸标注添加半墙标注（如图 4—46 所示）。

5）单击"注释"选项卡 > "尺寸标注"面板 > "对齐"命令，设置选项栏拾取后的选项为"单个参照点"，光标依次单击左侧

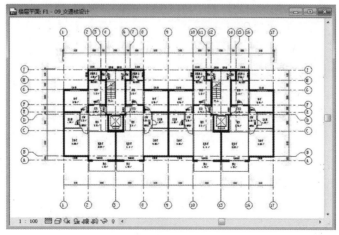

图 4—45

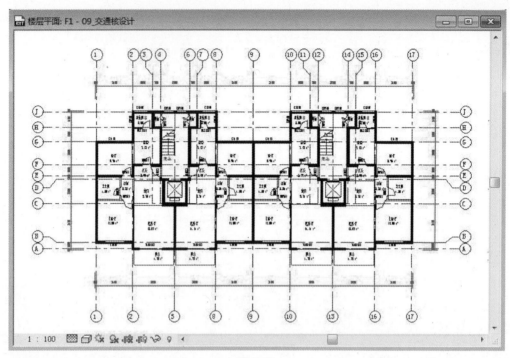

图 4-46

外墙面、右侧外墙面并向外拖拽至合适位置单击放置总长度尺寸标注。同样的方法绘制其他 3 个方向的总长度尺寸标注(图 4-47)。

6) 框选所有轴网, 单击 "选择多个" 选项卡 > "过滤器" 按钮, 在弹出的 "过滤器" 对话框中单击按钮 "放弃全部", 单击类别

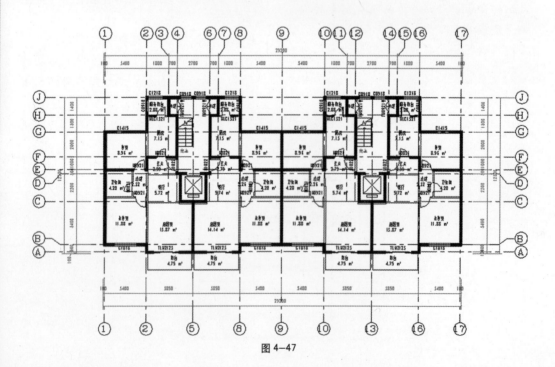

图 4-47

图 4-48

"轴网"前的复选框,勾选轴网后"确定",确保只选择轴网(如图 4-48 所示),单击"修改 轴网"选项卡 > "修改"面板 > "解锁"工具,为轴网解锁,以便调整轴网标头位置防止与尺寸标注的干涉(如图 4-49 所示)。

7)选择尺寸标注,单击"修改尺寸标注"选项卡 > "属性"面板 > "类型属性"按钮,在弹出的"类型属性"对话框中可以设置尺

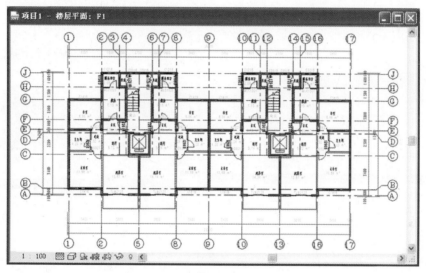

图 4-49

寸标注样式,如单击"颜色"项后面的按钮 ![红色],可弹出颜色对话框,修改尺寸标注颜色为黑色(如图 4-50 所示)。

8)接下来,我们对房间标记的名称样式进行修改。

> **注意**
>
> 在方案阶段设计师为了达到理想的效果,对字体的使用经常有自己特殊的需要,一般的标注、注释等都可以通过类型属性的修改在项目内完成设置,但是如门窗标记、房间标记等需要通过对族的编辑来达到预期的效果,这里通过对房间标记的修改来举例说明。

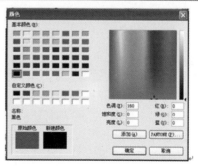

图 4-50

9）选择平面图中任意房间标记，单击"修改房间标记"选项卡 >"模式"面板 >"编辑族"工具，进入房间标记的族空间（如图4-51 所示）。

10）选择"房间名称"参数，单击"修

改 标签"选项卡 >"属性"面板 >"类型属性"，在弹出的"类型属性"对话框中修改"文字字体"为"华文细黑"确定后关闭对话框（如图4-52 所示）。

图 4-51

注意

文字字体下拉列表样式较多，不容易查找，可直接在文字字体的选项里输入所需查找的字体，只要下拉列表中包含输入的字体即可实现选择。

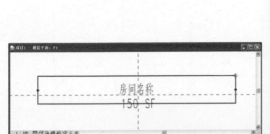

图 4-52

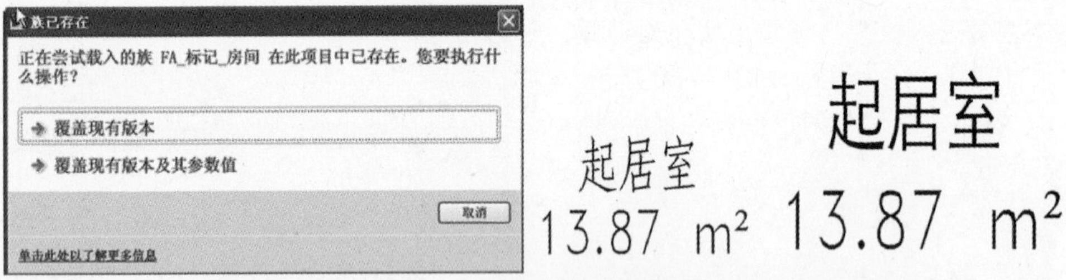

图 4-53

11）单击"族编辑器"面板 >"载入到项目中"，在"族已存在"对话框单击"覆盖现有版本"，项目中的房间标记将被替换（如图4-53 所示）。

12）单击"常用"选项卡 >"房间和面积"面板 >"图例"工具，光标移动至绘图区域

适当位置单击放置图例，在弹出的"选择空间类型和颜色方案"对话框中单击"确定"，完成了为房间添加了颜色方案的操作（如图4-54 所示）。

13）选择上图中的图例，单击下方蓝色夹点可以修改图例的排列（如图4-55 所示）。

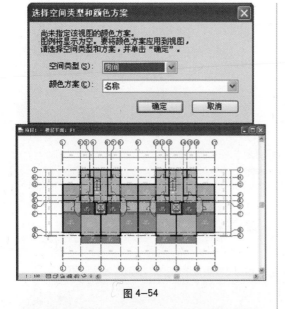

图 4—54

图 4—55

14)选择图例,单击"修改 颜色填充图例"选项卡 > "方案"面板 > "编辑方案"工具,在弹出的"编辑颜色方案"对话框中设置"颜色"下的选项为"名称",即依据不同房间名称设置不同的房间颜色填充。选择行可以通过下图中"向上移动行"和"向下移动行"来调整图例位置(如图 4—56 所示)。

15)选择图例,单击"属性"面板 > "类型属性",在弹出的"类型属性"对话框中设置字体"华文细黑",即可调整图例文字样式(如图 4—57 所示)。

图 4—57

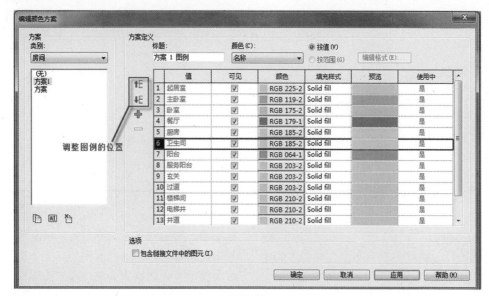

图 4—56

16）如果希望承重墙体的平面显示为黑色实体填充，除了逐一设置墙体材质的方法实现，还可以通过视图过滤器达到修改所有承重墙平面显示的目的。

17）在视图中击右键"属性"，在"属性"面板点击"可见性/图形替换"后的"编辑"按钮，在打开的"楼层平面 F1 的可见性/图形替换"对话框中切换到"过滤器"选项卡（如图 4-58 所示）。

18）单击下方"编辑/新建"按钮，在弹出的"过滤器"对话框单击左下角"新建"按钮，在弹出的"过滤器名称"对话框中输入过滤器名称"剪力墙"，并按下图设置：勾选类别"墙"前面的复选框，在"过滤条件"下拉列表中选择"类型名称"，条件为"包含"并在值的空格中输入"剪"，即该过滤器将过滤出所有类型名称包含"剪"字样的墙体，确定后回到"楼层平面 F1 的可见性/图形替换"对话框中（如图 4-59 所示）。

> **注意**
>
> 因为本案例中对墙体的命名中用"_剪"代表"剪力墙"。

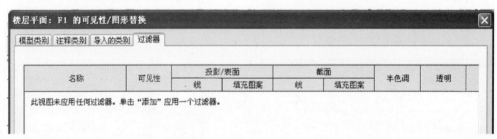

图 4-58

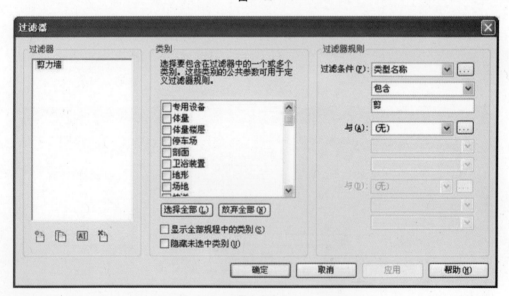

图 4-59

19）单击"添加"按钮，在弹出的"添加过滤器"对话框中选择刚刚创建的过滤器"剪力墙"并确定（如图 4-60 所示）。

20）单击过滤器"剪力墙"的"截面填充图案"下的按钮，在弹出的"填充样式图形"对话框中修改填充图案为"实体填充"。多次确定关闭所有对话框观察平面视图，实现所有承重墙的实体填充（如图 4-61 所示）。

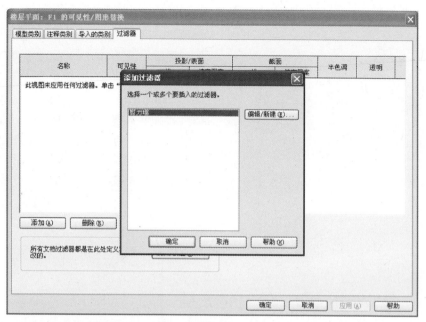

图 4-60

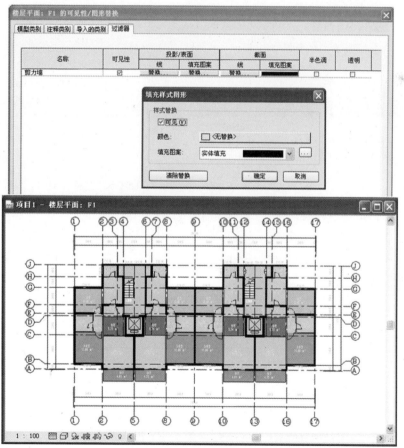

图 4-61

注意

此方法与修改墙体材质来实现平面实体填充相比,有所不同:材质的设置是对该图元在所有视图的显示方式的修改,即墙体在所有视图的截面均被修改为实体填充,而视图过滤器的设置只是针对当前视图的修改。

21)调整完平面视图 F1 的显示后将该

视图的设置存为视图样板,可以方便的将以上设置应用在其他视图:在项目浏览器中展开"楼层平面"前的"+",右键单击视图名称"F1",在弹出的快捷菜单中单击"通过视图创建视图样板",在弹出的"新视图样板"对话框中输入视图名称"FA_平面视图_100","确定"后将弹出"视图样板"对话框,直接单击"确定"即可完成视图样板的创建(如图 4-62 所示)。

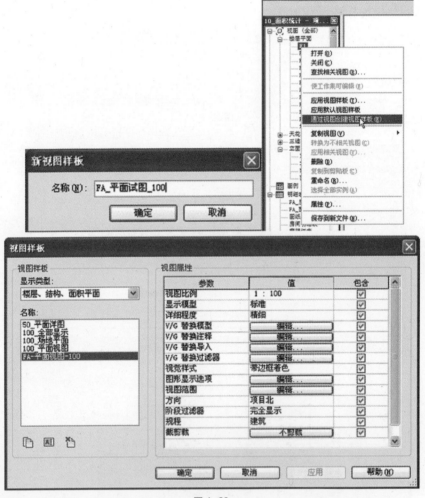

图 4-62

22)在视图中恢复家具构件的可见性,"常用选项卡">"视图"面板>"可见性/图形"工具,在弹出的"可见性/图形替换"对话框恢复"家具"、"卫浴装置"、"电器

装置"、"01_实线_黑"的可见(如图 4-63 所示)。

23)单击"应用程序菜单">"导出">"图像和动画">"图像",在弹出的"导

图 4-63

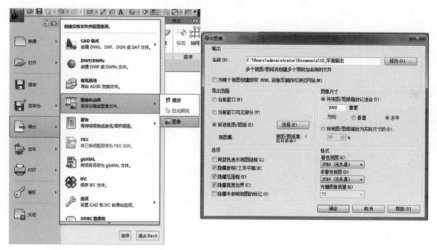

图 4-64

出图像"对话框中按图 4-64 所示设置,确定即可导出指定格式的图像。

24)完成后保存文件,本节完成后的效果参见光盘中 "第 4 章 方案阶段的标准层设计" 文件夹中的文件 "10_ 平面输出 .rvt"。

4.4.2 房间明细表

1)接上节练习,打开光盘中 "第 4 章 方案阶段的标准层设计" 文件夹中提供的练习文件 "10_ 平面输出 .rvt"。

2)单击 "视图" 选项卡 > "创建" 面板 > "明细表" > "明细表 / 数量",在弹出的 "新建明细表" 对话框中选择类别 "房间",将 "名称" 修改为 "FA_ 房间明细表" 并确定(如图 4-65 所示)。

3)在弹出的 "明细表属性" 对话框中按 Ctrl 键选择多个可用字段 "合计"、"名称"、

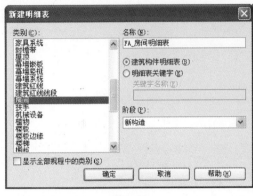

图 4-65

"标高""面积",单击"添加"按钮,并使用下方按钮"上移"、"下移"调整字段顺序(如图 4-66 所示)。

切换到"排序/成组"选项卡,选择"排序方式"为"标高",并勾选"页眉"前的复选框;第一个"否则按"后的选项选择"名称";第二个"否则按"选择"面积",并取消勾选"逐项列举每个实例"前的复选框,即:合并处于同一标高,房间名称和面积相同的行(如图 4-67 所示)。

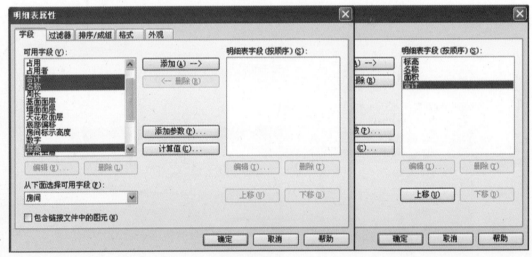

图 4-66

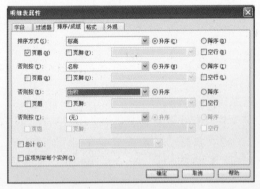

图 4-67

切换到"格式"选项卡,选择"标高"字段,勾选右下角"隐藏字段"前的复选框。确定后完成明细表的创建(如图 4-68

所示)。

4)在项目浏览器上展开"明细表/数量"前的"+",在刚刚创建的明细表"FA_房间明细表"上击右键,在弹出的快捷菜单中单击"复制视图">"复制",打开的"副本:FA_房间明细表"上单击表格标题,输入新标题"FA_面积明细表 A",并在明细表上右键单击"属性",在弹出的"属性"对话框中单击"排序/成组"后的"编辑"按钮(如图 4-69 所示)。

在弹出的"明细表属性"对话框中勾选下方"总计"前的复选框,并选择"仅总数"选项作为总计的内容(如图 4-70 所示)。

图 4—68

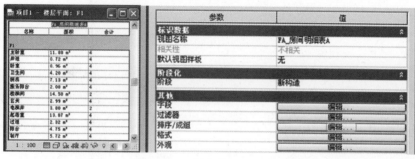

图 4—69

图 4—70

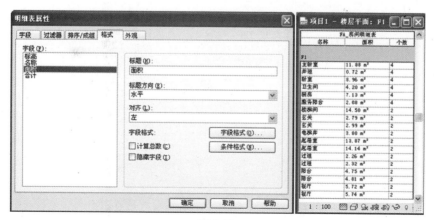

注意

当面积勾选"计算总数"一项后，其每列房间名称后对应的面积为当前标高的所有相同名称房间的总面积。

5）切换到"格式"选项卡，选择字段"面积"，勾选右下角"计算总数"前的复选框；选择"合计"字段，同样勾选"计算总数"选项，两次确定观察编辑后的明细表（如图 4-71 所示）。

6）完成后保存文件，本节完成后的效果参见光盘中"第 4 章 方案阶段的标准层设计"文件夹中提供的文件"11_面积统计 .rvt"。

图 4—71

第5章 方案阶段的建筑主体设计

概述：以上一章节的户型模型为基础，开始住宅立面的设计。

如何对户型模型进行整理，使其满足立面设计的灵活性的需要，并最大限度地利用户型模型。这便是此章内容需要解决的问题。

本章内容中，对原有的模型构架进行新的梳理。比如将墙等外维护构件从"组"中剥离，以此方便进行自由的立面设计；同时，通过深化"组"内现有"族文件"，来实现立面元素的细化设计。通过这些途径，设计师便可方便、灵活、高效的完成整个方案阶段的设计工作。

5.1 主体搭建

1）接上章练习，打开光盘中"第4章方案阶段的标准层设计"文件夹中提供的文件"11_面积统计.rvt"。

2）确保打开平面视图F1，为了外墙在立面上的连续性，将外墙（类型名称以"WQ"开头的墙体）从模型组中排除掉：光标选择左侧模型组"户型A"。单击"修改 模型组"上下文选项卡 > "成组"面板 > "编辑组"工具，进入组的编辑模型（如图5-1所示）。

> **注意**
>
> 观察选项栏或光标旁边的提示以保证准确选择模型组。

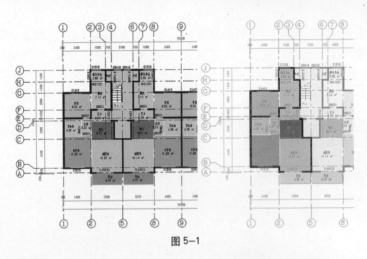

图 5-1

单击"常用选项卡" > "编辑组"面板 > "删除" ![删除] 工具，光标在绘图区域依次单击外墙，（注意观察选项栏提示名称以WQ开头的墙 墙：基本墙：WQ_200_剪），由于 Revit 模型构件之间存在关联关系，因此在从组中排除某些构件时将弹出以下提示对话框，单击"删除图元"按钮，即可实现从组中排除的操作，

第二部分 方案阶段

图 5-2

3）选择 A 轴上 2~5 轴之间的墙体，光标按住右侧蓝色夹点向右拖拽超过 5 轴一段后放开鼠标，皆可将两面墙体合并（如图 5-5 所示）。

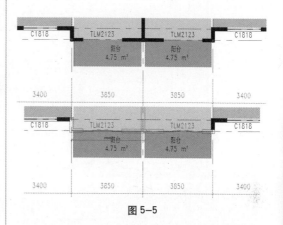

图 5-5

> **注意**
>
> "编辑组"面板下的"删除"工具是使被选择构件不再属于该组，而在选择构件如某墙体后，"修改 墙"的上下文选项卡 > "修改"面板 > "删除 ✕"工具则是将预先选择的构件彻底从项目中删除（如图 5-3 所示）。

图 5-3

如单击"取消"按钮将取消排除的操作（如图 5-2 所示）。

如图 5-4 所示，从组中删除的构件将在编辑组模式下灰显，单击"编辑组"面板 > "完成"，退出编辑组模式。

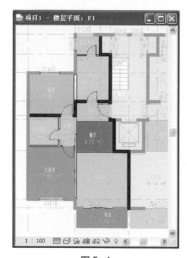

图 5-4

> **注意**
>
> 在 Revit 中，当墙体属同一类型，且具有相同的属性（层叠墙除外），当这两个墙体位于同一直线上时，我们可以通过拖拽墙体端部控制柄将其端部相接，则两个墙体会自动合并为一个墙体。但如果拖拽的过长则会出现墙重叠的提示，因此只需拖拽一小段的距离即可。

同样的方法合并 A 轴上 10~13 轴、13~16 轴的墙体，G 轴上 8~10 轴的墙体以及 J 轴上 2~8 轴间的三段墙体及 10~16 轴间的三段墙体（如图 5-6 所示）。

> **注意**
>
> 当三段墙体处于同一水平线上时只需连接两面墙体，另外一面墙体将自动连接。

4）光标放置在任意外墙上，按键盘上 Tab 键切换到整个轮廓后单击，选择所有外墙，单击"修改 墙"上下文选项卡 > "属性"面板 > "属性"按钮，打开"属性"对话框，

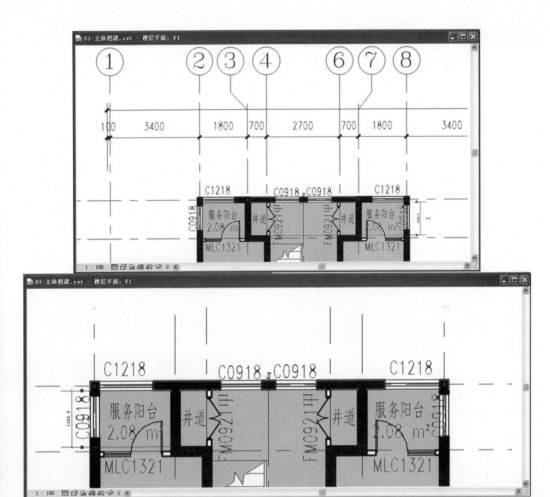

图 5-6

设置"顶部限制条件"为"直到标高：F11"并应用，观察三维视图（如图 5-7 所示）。

5）切换到平面视图 F1，选择 4、6 轴和 12~14 轴如下图中的 4 面墙体，同样在墙体的"属性"对话框，设置"顶部限制条件"为"直到标高：F11"并确定（如图 5-8 所示）。

6）鼠标从左上角到右下角框选图示构件，单击"选择多个"上下文选项卡 >"过滤器"面板 >"过滤器"，在弹出的"过滤器"对话框中单击"放弃全部"按钮，勾选"房间"、"房间标记"、"楼板"、"窗"、"窗标记"、"门"、"门标记"，并确定（如图 5-9 所示）。

7）选择以上构件单击"选择多个"上下文选项卡 >"创建"面板 >"创建组"工具，在弹出的"创建模型组合附着的详图组"对

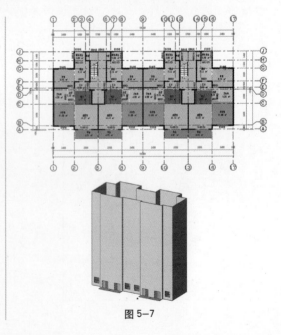

图 5-7

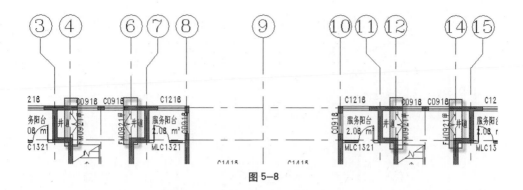

图 5-8

话框中输入模型组名称"交通核",附着的详图组名称"X-交通核"并确定完成组的创建（如图 5-10 所示）。

8）同样的方法框选 11~15 轴之间的交通核,单击"修改"面板 > "删除",光标单击选中左侧的模型组"交通核",单击"修改模型组"选项卡 > "剪贴板"面板 > "复制到剪贴板"工具后单击下方工具"粘

图 5-9

创建模型组和附着的详图组

模型组

名称：交通核

□ 在组编辑器中打开

附着的详图组

名称：X-交通核

确定　取消　帮助

图 5-10

贴",光标在绘图区域中水平向右移动,键盘上输入间距"14500"并回车（如图 5-11 所示）。

9）选择刚刚复制的模型组"交通核",单击"修改模型组"选项卡 > "成组"面板 > "附加的详图组",在弹出的"附着的详图组放置"对话框勾选相应的详图组"楼层平面：X-交通核"并确定（如图 5-12 所示）。

10）选择"交通核"模型组,单击"成组"面板 > "编辑组"工具,进入模型组的编辑模式,选择两扇窗 C0918,单击"修改窗"上下文选项卡 > "属性"面板 > "属性"按钮,在弹出的"属性"对话框中设置"底高度"为"1800"并应用；选择两扇门 FM0921 甲,

图 5—11

图 5—12

同样在其"属性"对话框中调整"底高度"为"1500"并应用,门在当前视图将不可见,单击"编辑组"面板 > "完成",退出组编辑模式(如图5—13所示)。

11)光标在绘图区域框选所有构件,单击"选择多个"上下文选项卡 > "过滤器"面板 > "过滤器",在弹出的"过滤器"对话框中单击"放弃全部"按钮,勾选"模型组"并"确定"。选择所有模型组后单击"剪贴板"面板 > "复制到剪贴板"后直接单击左侧工具"粘贴" > "与选定的标高对齐",在弹出的"选择标高"对话框中单击F2,按住Shift键选F10,并确定,观察三维视图(如图5—14所示)。

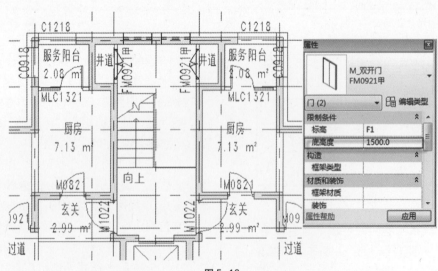

图 5—13

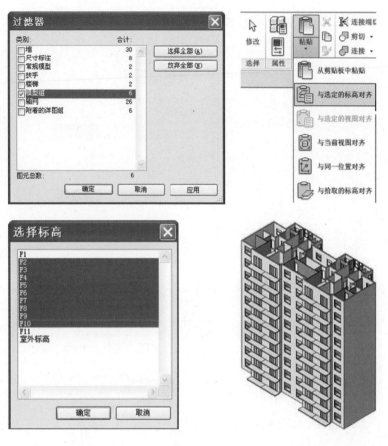

图 5-14

单击"常用"选项卡 > "构建"面板 > "墙"工具 > "类型属性"按钮,在弹出的"类型属性"对话框中选择"WQ_200_剪"类型,点击"复制",新建墙体"WQ_150+(200)_剪"(即作为外墙的外侧为 150mm 厚建筑做法,结构厚度为 200mm 的剪力墙),对类型属性中的"结构"一项进行(如图 5-15 所示)设置,勾选其衬底层"包络"选项,设置衬底层所选材质为如图设置,确定完成(如图 5-16 所示)。

12)以"WQ_150+(200)_剪"为基础进行复制,重复上部操作,新建墙体"WQ_70+(200)_剪"(即作为外墙的外侧为 70mm 厚建筑做法,结构厚度为 200mm 的剪力墙),修改类型属性中的"结构"一项中衬底层厚度为 70mm,并修改材

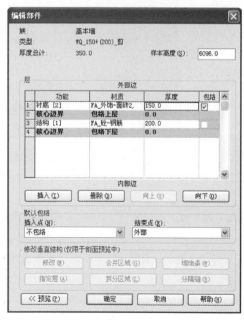

图 5-15

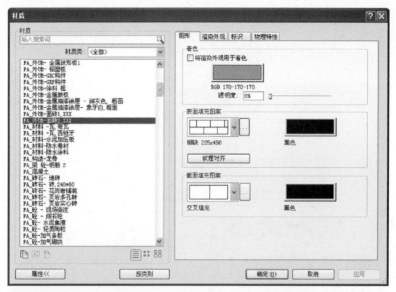

图 5—16

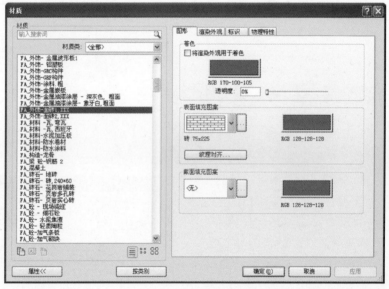

图 5—17

质为"FA_ 外饰 – 面砖 1,XXX",并对材质
进行设置,确定完成(如图 5–17 所示)。

13)单击"常用"选项卡 > "构建"面
板 > "墙"工具 > "属性"按钮,在弹出的"属
性"对话框中选择墙类型叠层墙"1800 高
瓷砖墙裙",单击功能区"属性" > "类型属性"
按钮,在弹出的"类型属性"面板中点击"复
制",新建墙体"WQ_ 剪 _X6400",设置其
类型属性中的结构选项(如图 5–18 所示)。

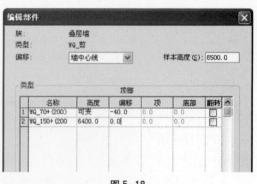

图 5—18

叠层墙的结构设置是以基础墙为基础，不能单独对其进行构造层的修改，而是通过修改其中包含的基础墙的构造层来实现。

14）进入 F1 平面视图，使用 "Tab"

键快速选择全部外墙，修改其图元类型为 "WQ_剪_X6400"，如图。同时，观察三维视图（如图 5-19 所示）。

15）选择模型组 "户型 -A"，点击 "编辑组"进入组编辑界面，选择图中 4 个窗户，修改其实例属性中 "底高度" 为 600mm，点击 "完成"，结束组编辑（如图 5-20 所示）。

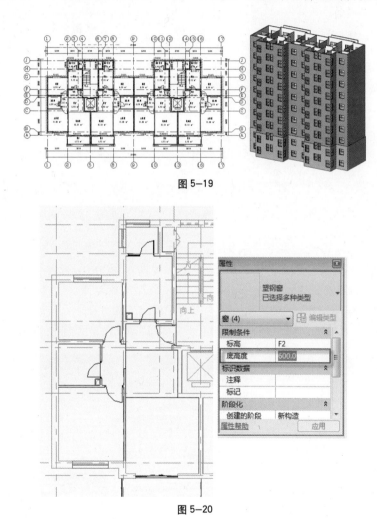

图 5-19

图 5-20

16）回到平面视图，选择两个楼梯，单击 "修改楼梯" 选项卡 > "图元" 面板 > "图元属性" 按钮，在弹出的 "实例属性" 对话框中设置 "多层顶部标高" 为 "F10"（如图 5-21 所示）。

多层顶部标高设置到顶层标高的下面一层标高，因为顶层的平台栏杆需要特殊处理。设置了 "多层顶部标高" 参数的各层楼梯仍是一个整体，当修改楼梯和扶手参数后所有楼层楼梯均会自动更新。

图 5-21

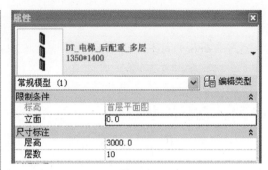

图 5-22

17）选择两个电梯，单击修改"常规模型"上下文选项卡 >"图元"面板 >"图元属性"按钮，在弹出的"实例属性"对话框中设置"层数"为"10"（如图 5-22 所示）。

18）完成后保存文件，本节完成后的文件参见光盘中"第 5 章 方案阶段的建筑主体设计"文件夹中的"12_主体搭建 .rvt"。

5.2　阳台设计

1）接上章练习，打开光盘中"第 5 章方案阶段的建筑主体设计"文件夹中提供的文件"12_主体搭建 .rvt"。

2）以墙体"WQ_150+（200）_剪"为基础进行复制，新建墙体"WQ_50+（200）

_剪"，修改类型属性中的"结构"一项中衬底层厚度为 50mm，并修改材质为"FA_保温 – 挤塑聚苯"，同时对材质进行设置，确定完成（如图 5-23 所示）。

3）在 F1 平面视图中，选择 A 轴上

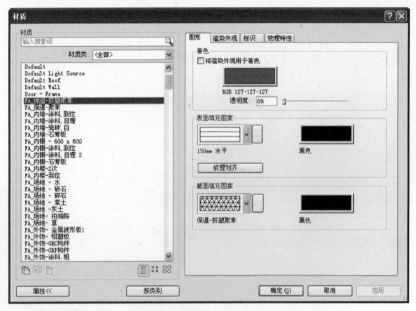

图 5-23

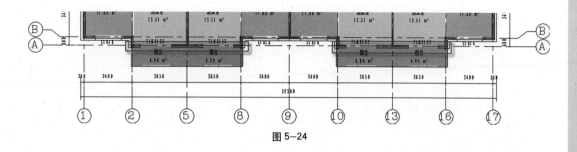

图 5-24

2~8 轴及 10~16 轴处的两道外墙，修改其图元类型为"WQ_50+（200）_剪"（如图 5-24 所示）。

在修改墙体类型时，需要特别注意需修改墙体的实例属性中"定位线"是否为"核心层中心线"，以此在墙体面层厚度改变的情况下，保证核心层中心位置不变。

4）以墙体"WQ_50+（200）_剪"为基础进行复制，新建墙体"WQ_50+（200）+50_剪"，对类型属性中的"结构"一项进行设置，确定完成（如图 5-25 所示）。

图 5-25

5）单击"常用"选项卡 > "构建"面板 > "墙"工具，在类型选择器中选择"WQ_50+（200）+50_剪"，设置其高度为"F11"，在图示位置绘制墙体（如图 5-26 所示）。

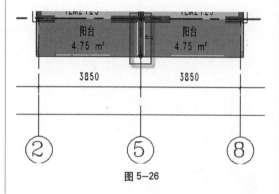

图 5-26

6）单击"常用"选项卡 > "构建"面板 > "墙"工具，在类型选择器中选择"WQ_150+（200）_剪"，修改其实例属性"基准限制条件"为"室外标高"、"底部偏移"为"0"、"顶部限制条件"为"F4"、"顶部偏移"为"600"，确定完成后，在图示位置绘制墙体（如图 5-27 所示）。

7）在项目浏览器中选择 F4，进入四层平面图，单击"常用"选项卡 > "构建"面板 > "墙"工具，在类型选择器中选择"WQ_70+（200）_剪"，修改其实例属性"基准限制条件"为"F4"、"底部偏移"为"600"、"顶部限制条件"为"F11"、"顶部偏移"为"0"，确定完成后，在图示位置绘制墙体（如图 5-28 所示）。

8）在项目浏览器中选择南立面，进入立面视图，选择步骤 6 中绘制的墙体，单击

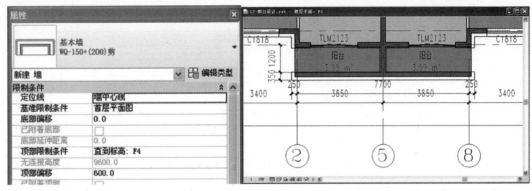

图 5-27

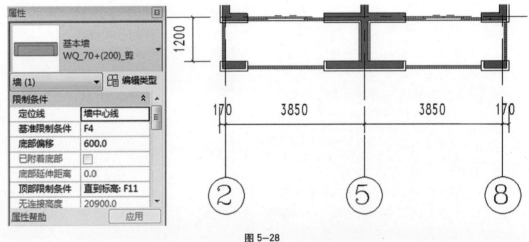

图 5-28

"修改墙"选项卡 > "模式"面板 > "编辑轮廓"
工具,进入墙体轮廓的编辑界面,使用"直线"
与"起点 – 终点 – 半径弧"绘制工具绘制图
示两组蓝色闭合轮廓,点击"完成墙"结束
绘制(如图 5-29 所示)。

9)同样选择步骤 7 中绘制的墙体,单
击"修改墙"选项卡 > "模式"面板 > "编
辑轮廓"工具,进入墙体轮廓的编辑界面,
使用绘制工具与编辑工具绘制图示闭合轮廓,
点击"完成墙"结束绘制(如图 5-30 所示)。

10)选择此节绘制完成的全部 3 道墙体
后,回到 F1 平面视图,单击"复制"工具,
水平向右偏移 14500mm 后放置副本。完成
后观察三维视图(如图 5-31 所示)。

11)单击"插入"选项卡 > "从库中

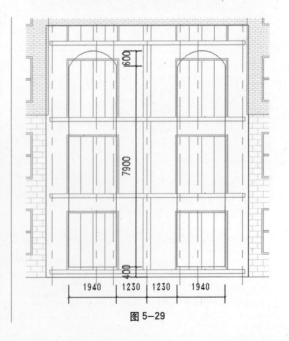

图 5-29

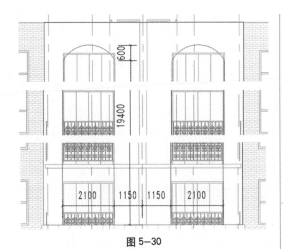

图 5-30

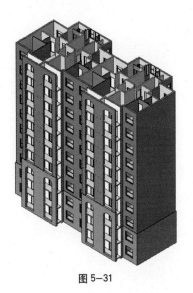

图 5-31

载入"面板 > "载入族"工具,在弹出的"载入族"对话框中选择光盘中"第5章 方案阶段的建筑主体设计"\"案例所需文件"文件夹中提供的族文件"栏杆 a.rfa"与"栏杆 b.rfa"(按键盘上 Ctrl 键可多选,一次载入多个族文件)并单击右下角"打开"按钮(如图 5-32 所示)。

图 5-32

12)进入 F5 平面视图,单击"常用"选项卡 > "楼梯坡道"面板 > "扶手"工具,进入扶手绘制界面,点击"属性"选项板中的"编辑类型"按钮,复制新建扶手类型"铁艺扶手 a",修改类型属性中"栏杆偏移"为0,编辑"扶手结构",按图示内容在当前视图中设置,完成后,进行"栏杆位置"的编辑,在对话框中进行设置,确定完成"铁艺扶手 a"的设置(如图 5-33 所示)。

13)在扶手绘制界面下,使用直线绘制命令,在阳台距楼板边缘 50mm 位置完成扶手路径的绘制,如图,点击"完成扶手";

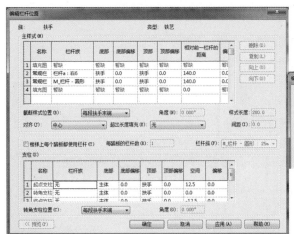

图 5-33

同样，在阳台左侧距楼板边缘 50mm 位置完成另一条扶手的绘制，完成（如图 5-34 所示）。

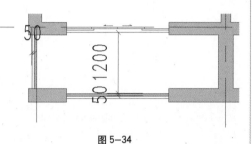

图 5-34

14）在 F5 平面视图中，选择左侧模型组"户型 -A"，单击"修改模型组"上下文选项卡的 >"成组"面板 >"编辑组"工具，进入组编辑界面，点击编辑组命令组中的"添加"，然后选择上步操作中绘制完成的两个扶手，点击完成。观察三维视图（如图 5-35 所示）。

图 5-35

注意

在组编辑状态下，Revit 不允许新建类型，当新建类型时，程序会弹出如图对话框。所以在操作中一般在组外完成新建图元的绘制，然后进入组编辑状态，通过"添加"命令将所需图元加入当前组（如图 5-36 所示）。

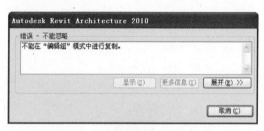

图 5-36

15）进入 F4 平面视图，选择图示位置的栏杆，将其排除出组外，执行同样的操作，将当前层的其他 3 个扶手也排除出组外（如图 5-37 所示）。

16）单击"常用"选项卡 >"楼梯坡道"面板 >"扶手"工具，在"属性"选项板，点击"编辑类型"，以"铁艺扶手 a"为基础复制新建扶手类型"铁艺扶手 b"，编辑"扶手结构"，进行如图设置，完成后，进行"栏杆位置"的编辑，在对话框中进行如图设置，确定完成"铁艺扶手 b"的设置（如图 5-38 所示）。

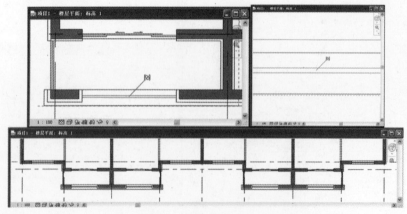

图 5-37

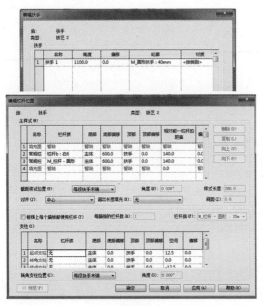

图 5-38

17）在扶手绘制界面下，使用直线绘制命令，在图示位置完成扶手路径的绘制，点击"完成扶手"；复制此扶手到当前层的其余三个户型的相同位置，观察三维视图（如图 5-39 所示）。

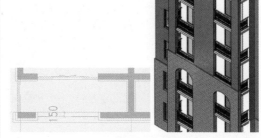

图 5-39

18）完成后保存文件，本节完成后的文件参见光盘中 "第 5 章 方案阶段的建筑主体设计"文件夹中的文件"13_ 阳台设计 .rvt"。

5.3 屋顶搭建

1）接上章练习，打开光盘中"第 5 章方案阶段的建筑主体设计"文件夹中提供的文件"13_ 阳台设计 .rvt"，进行屋顶的搭建，最终完成后效果（如图 5-40 所示）。

2）进入 F11 平面视图，在空白处单击鼠标右键，在弹出菜单中选择"属性"，进入"属性"选项板，修改其"基线"一项为"F10"（如图 5-41 所示）。

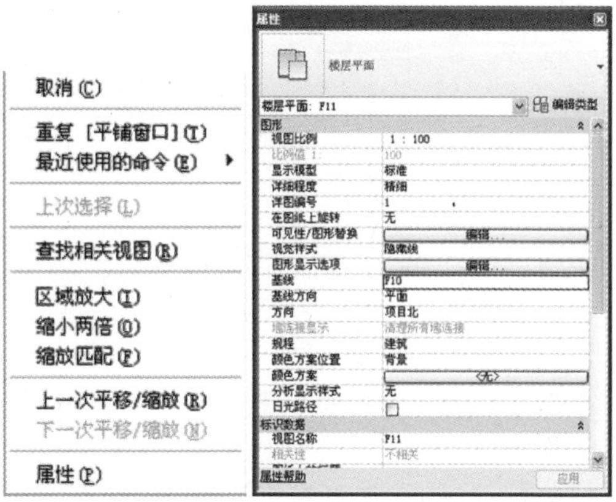

图 5-40

图 5-41

3）单击"常用"选项卡>"构件"面板>"屋顶"工具下的三角符号，在下拉菜单中选择"迹线屋顶"，进入屋顶轮廓的绘制界面，在绘制栏中选择拾取线命令（如图5-42所示），勾选"定义坡度"，顺次选择外墙的外边界，完成后，通过对齐外墙边缘及修剪命令最终得到屋顶的闭合轮廓；接着在"属性"选项卡>"尺寸标注"，定义坡度为30°，最后在"模式"面板点击"完成编辑模式"（如图5-43所示）。

4）单击"管理"选项卡>"设置"面板>"其他设置"按钮，在下拉菜单中选择"填充样式"，在弹出的对话框中选择"模型"，选择"新建"，在"添加表面填充图案"对话框中选择"自定义"，点击"导入"，在选择菜单中选择光盘中"第5章方案阶段的建筑主体设计"\"案例所需文件"文件夹中的"西班牙屋顶.pat"文件，确定后，修改导入比例为"100"，确定完成填充图案的定制（如图5-44所示）。

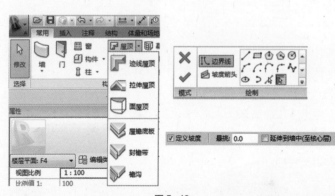

图5-42

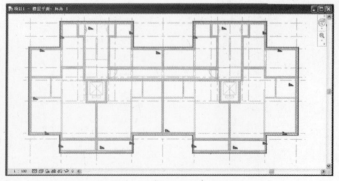

图5-43

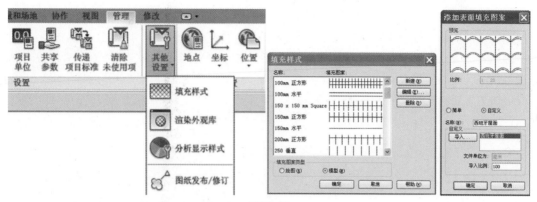

图 5-44

注意

图元的截面填充图案一般使用绘图填充图案，它会根据视图的填充比例自动调整图案比例及方向，而模型填充图案一般使用在图元的表面填充，尤其是外墙体等有一定表面材质规格要求的图元，模型填充图案不会因为视图比例及方向的改变而改变。具体填充图案文件的制作可参见 Revit 软件提供的用户手册中“创建自定义填充图案”一节，需要特别说明的是，填充图案文件制作中，可以通过在字段开头添加“; %UNITS=MM”或“; %UNITS=INCH”字段来控制文件导入时的文件单位。添加“; %UNITS=MM”时，导入单位为毫米，添加“; %UNITS=INCH”字段或不添加任何字段对应的导入单位为英寸（如图 5-45 所示）。

西班牙屋面. pat － 记事本

文件(F) 编辑(E) 格式(O) 查看(V) 帮助(H)

```
;%UNITS=MM
*西班牙屋面, Faun
;%TYPE=MODEL
0,-0.2,0,0,2,0.4,-1.6
0,0.8,0.4,0,2,0.4,-1.6
0,0.8,0.6,0,2,0.4,-1.6
90,0,0,0,2,2
45,0,0,1.4142136,1.4142136,0.5656854,-2.262741724
45,0.2,0,1.4142136,1.4142136,0.2828428,-2.545584324
135,0,0,1.4142136,1.4142136,0.5656854,-2.262741724
135,1.8,0,1.4142136,1.4142136,0.2828428,-2.545584324
26.5650512,0.4,0.2,1.788854382,-0.89442719,0.4472,-4.024935954
153.4349488,-0.4,0.2,1.788854382,0.89442719,0.4472,-4.024935954
26.5650512,0.4,0.4,1.788854382,-0.89442719,0.4472,-4.024935954
153.4349488,-0.4,0.4,1.788854382,0.89442719,0.4472,-4.024935954
```

图 5-45

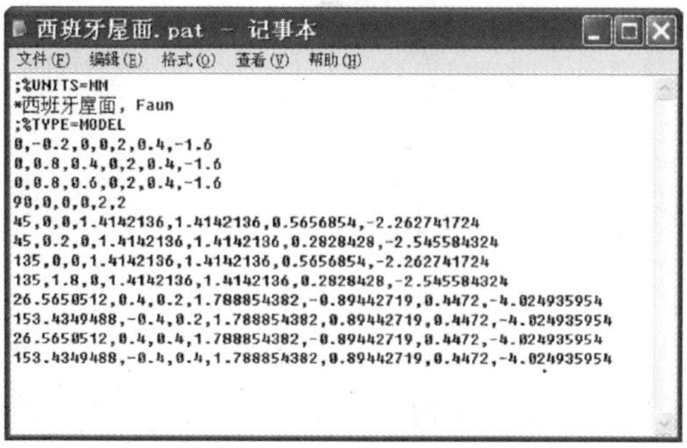

5）选择绘制完成的屋顶，点击“图元属性”，新建屋顶类型“WD_170+150”，对类型属性中结构一项进行（如图 5-46 所示）设置，同时修改材质“FA_ 材料 - 瓦，西班牙”，如图，其中表面填充图案选择上步操作中定制的模型填充图案“西班牙屋顶”，确定完成屋顶属性定制（如图 5-47 所示）。

图 5-46

图 5-47

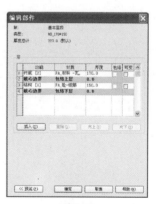

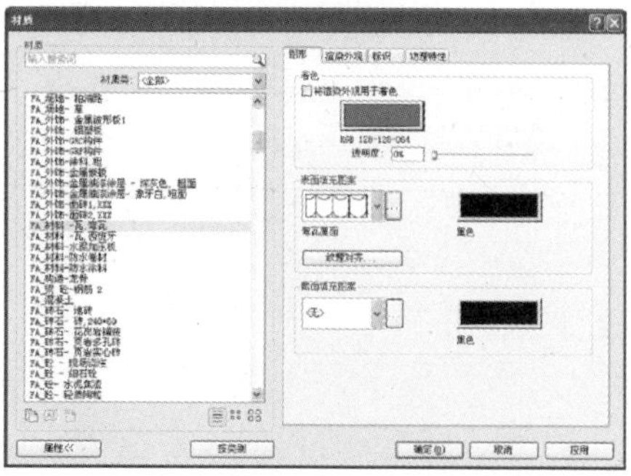

6）进入 F10 平面视图，逐个选择当前视图的全部墙体，在选中情况下，在项目浏览器中进入 F11 平面视图，点击"修改墙"面板中的"附着"工具，然后选择屋顶，完成墙体与屋顶的连接（如图 5-48 所示）。

7）进入东立面视图，在屋顶边缘与 F11 标高之间添加尺寸标注，然后选择屋顶，点击"激活尺寸标注"，修改尺寸标注数值为 1500，附着墙体高度自动调整（如图 5-49 所示）。

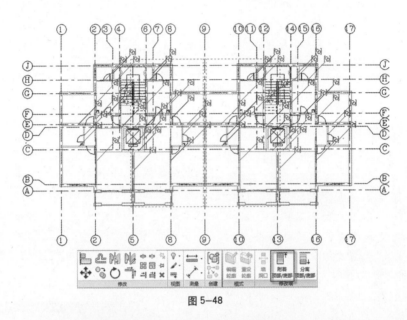

图 5-48

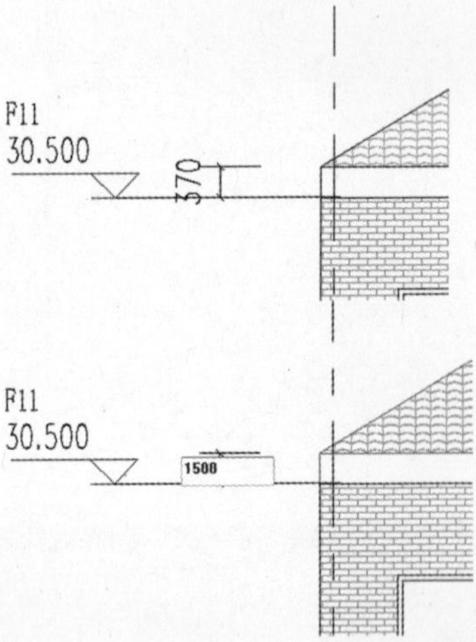

图 5-49

8）在项目浏览器中，右键选择楼层平面 F11，在菜单中选择复制视图 > 复制，右键选择新生成的楼层平面"副本：F11"，在弹出菜单中选择"重命名"，在弹出对话框中输入"屋顶平面"，确定完成（如图 5-50 所示）。

9）在新建的楼层平面"屋顶平面"中，在空白处单击鼠标右键，在弹出菜单中选择"属性"，进入"属性"选项卡，编辑"视图范围"一项，在弹出菜单中修改"顶"和"剖切面"的偏移量为 9000，确定完成（如图 5-51 所示）。

10）在"常用"选项卡下"洞口"面板中选择"垂直洞口"，选择洞口剖切主体——"屋顶"，进入洞口的轮廓绘制界面，然后绘制（如图 5-52 所示）的闭合轮廓线，点击"完成洞口"，完成轮廓编辑，当弹出图示对话框时，点击"确定"（如图 5-53 所示）。

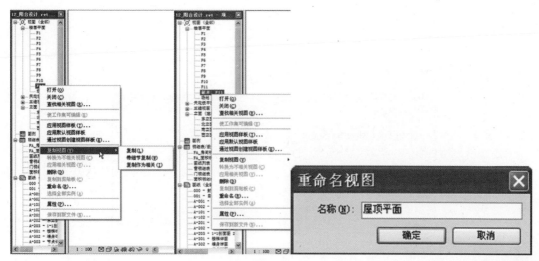

图 5-50

图 5-51

图 5-52

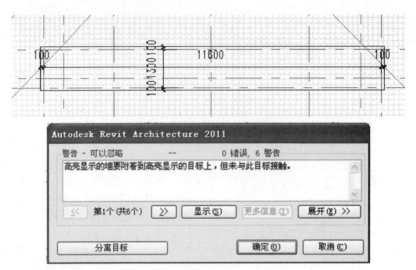

图 5—53

11）在项目浏览器中，选择进入楼层平面 F11，单击"常用"选项卡 > "构件"面板 > "楼板"按钮，进入楼板轮廓绘制界面，点击"属性"选项卡中的编辑类型，在弹出的"类型属性"对话框中的类型栏选择"100+150"，点击"确定"完成设置，接着在"属性"选项卡中设置相对标高为"100"，然后绘制如图所示的闭合轮廓线，完成后点击"完成编辑模式"，完成轮廓编辑，当弹出图示对话框时，点击"否"（如图 5—54 所示）。

12）在楼层平面 F11 中，单击"常用"选项卡 > "构件"面板 > "墙"按钮，在类型选择器中选择"WQ_50+（200）_剪"，设置其高度为"3800"，绘制图示墙体，选择上侧墙体，修改其实例属性中"无连接高度"为"3300"，确定完成（如图 5—55 所示）。

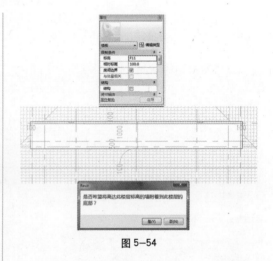

图 5—54

13）单击"修改"选项卡 > "连接"工具，然后顺次点击图示红色框中的两个墙体，以此消除公共边，完成后，在图示其余 5 处交点执行同样的操作（如图 5—56 所示）。

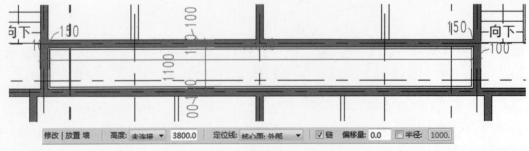

图 5—55

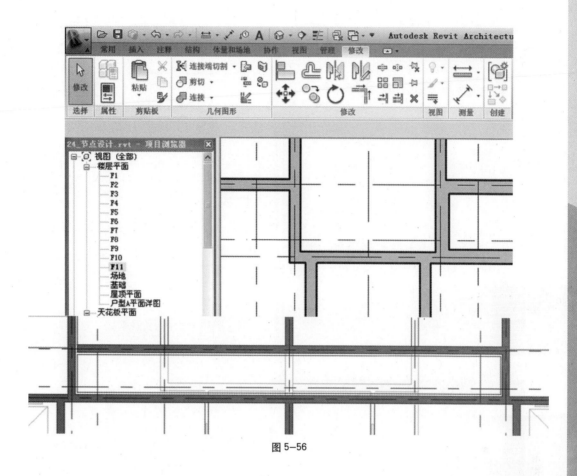

图 5-56

14）单击"常用"选项卡＞"构建"面板＞"门"工具，修改图元类型为 M_单开门：M1022，修改底高度为"300"，在如图 6 轴位置放置门，同样操作，在 9 轴位置对称放置相同门族（如图 5-57 所示）。

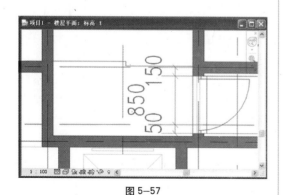

图 5-57

15）在项目浏览器中，选择进入楼层平面 F10，单击"常用"选项卡＞"楼梯坡道"面板＞"楼梯"按钮，进入楼梯的绘制界面，点击"工具"面板＞"扶手类型"按钮，在弹出对话框中选择"1100mm"，确定完成。点击楼梯属性，设置其宽度为 1200，所需梯面数为 21，实际踏板深度为 280，点击"应用"完成设置，绘制如图梯段，单击"完成编辑模式"完成绘制，删除楼梯外侧靠墙的扶手（如图 5-58 所示）。

16）在项目浏览器中，选择进入楼层平面 F11，单击"常用"选项卡＞"构建"面板＞"楼板"按钮，进入楼板轮廓绘制界面，点击"属性"选项卡中的编辑类型，在弹出的"类型属性"对话框中的类型栏选择"100+150"，点击"确定"完成设置，接着在"属性"选项卡中设置相对标高为"100"，然后绘制如图所示的闭合轮廓线，

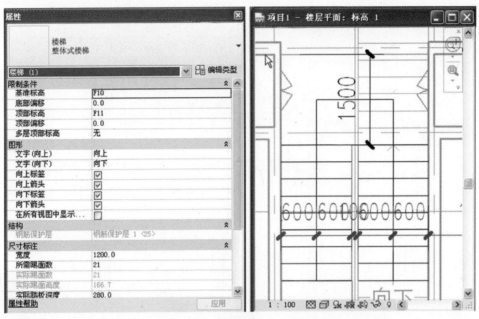

图 5-58

图 5-59

完成后点击"完成编辑模式",完成轮廓编辑,当弹出图示对话框时,点击"否"(如图 5-59 所示)。

17)选择步骤 15 及步骤 16 中绘制的楼梯及楼板,以 9 轴为对称轴镜像。进入楼层平面 F1,删除右侧的楼梯,将左侧的楼梯以 9 轴为对称轴镜像。

18)在项目浏览器中,选择进入楼层平面"屋顶平面",单击"常用"选项卡 >"楼梯坡道"面板 >"扶手"按钮,进入扶手路径绘制界面,点击扶手属性,编辑类型为"铁艺扶手 b",设置底部偏移为"2700";点击"应用"完成设置。然后在 F 轴上绘制如图所示的线段,完成后点击"完成编辑模式",完成路径编辑。观察三维视图(如图 5-60 所示)。

19)完成后保存文件,本节完成后的文件参见光盘中"第 5 章 方案阶段的建筑主体设计"文件夹中的文件"14_屋顶搭建.rvt"。

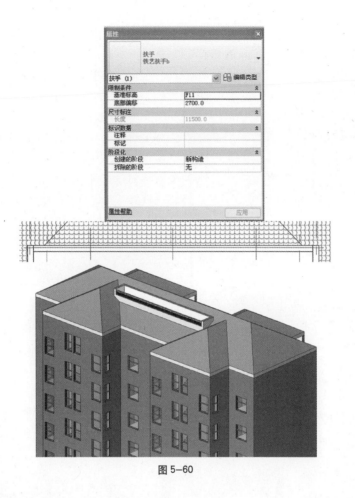

图 5-60

5.4 入口设计

1）接上章练习，打开光盘中"第 5 章方案阶段的建筑主体设计"文件夹中提供的文件"14_屋顶搭建 .rvt"。

2）进入三维视图，选择图示 8 组窗子，鼠标放置于其中一扇窗户，单击鼠标右键，再弹出菜单中选择"排除"（如图 5-61 所示）。

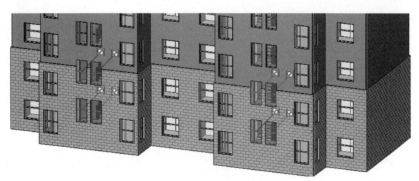

图 5-61

3）在项目浏览器中，选择进入 "北立面"，选择 J 轴上 3 轴与 7 轴区间的墙体，点击 "编辑轮廓"，绘制如图闭合矩形轮廓，点击 "完成编辑模式" 结束墙体轮廓编辑；

相同操作，对 J 轴上 10 轴与 15 轴区间的墙体进行编辑（如图 5-62 所示）。

4）在项目浏览器中，选择楼层平面 F1，单击 "常用" 选项卡 > "构建" 面板 > "墙" 工具 > "属性" 按钮，在 "属性" 选项卡的类型选择器中选择 "NQ_200_ 剪"，设置其实例属性中，顶部限制条件为 "F3"，顶部偏移为 "100"，确定完成设置，绘制图示两道墙体（如图 5-63 所示）。

> **注意**
>
> 在墙体绘制过程中，可能会出现下图 1 中的情况，可通过拖动墙端点来进行墙体端部交接形式的编辑，具体操作步骤（如图 5-64 所示）。

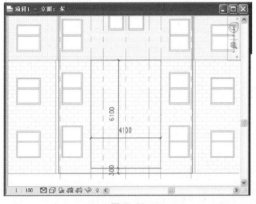

图 5-62

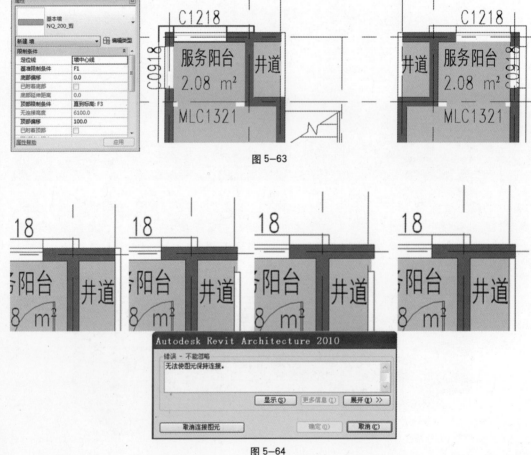

图 5-63

图 5-64

5) 同样的方法选择 "WQ_150+ (200) _剪",在 "属性" 选项卡中设置,顶部限制条件为 "F3",顶部偏移为 "1100",点击 "应用" 完成设置,绘制图示三道墙体 (如图 5-65 所示)。

6) 单击 "常用" 选项卡 > "构建" 面板 > "墙" 工具 > "类型属性",在弹出的类型属性对话框中,以 "WQ_150+ (200) _剪" 为基础,新建墙类型 "WQ_150+ (200) _隔" 设置其结构如图所示,在 "属性" 选项卡设置顶部限制条件为 "F3",顶部偏移为 "1100",点击应用后,绘制图示两道墙体 (如图 5-66 所示)。

7) 单击 "常用" 选项卡 > "构建" 面板 > "窗" 工具 > "类型属性",新建窗类型塑钢窗:C3023,设置其高度为 2300、宽度为 3000,完成后,设置其属性,(如图 5-67 所示) 位置进行放置,选择放置好的窗,点击剪贴板中的 "复制" 按钮,单击 "粘贴" 下拉菜单中的 "与选定的标高对齐",在弹出的对话框中选择 F2,确定完成 (如图 5-68 所示)。

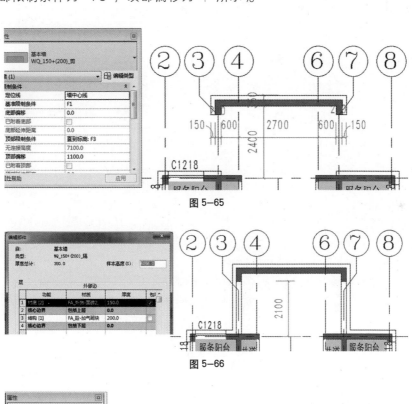

图 5-65

图 5-66

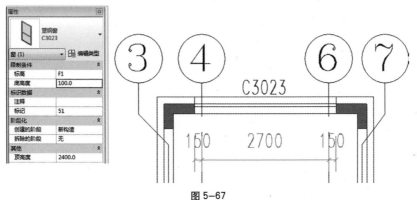

图 5-67

图 5-68

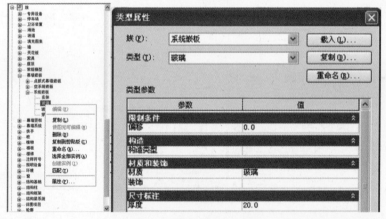

图 5-69

8）在项目浏览器中选择族 > 幕墙嵌板 > 系统嵌板 > 玻璃，右键选择，在弹出菜单中选择"类型属性"，在类型属性中设置其偏移为 0，确定完成（如图 5-69 所示）。

9）单击"常用"选项卡 > "构建"面板 > "墙"工具 > "类型属性"，新建幕墙类型"MQ_100"，按图示内容定制幕墙形式，完成后，设置其属性（如图 5-70 所示），沿 7 轴位置进行绘制图示幕墙（如图 5-71 所示）。

注意

当勾选幕墙类型属性中"自动嵌入"选项后，如果幕墙与基本墙或叠层墙平行，且局部或全部重叠时，幕墙会自动将基本墙或叠层墙中重叠的部分进行裁剪，其效果与执行"剪切几何图形"命令相同。

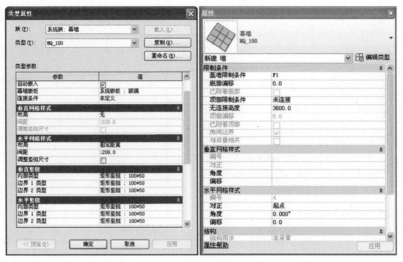

图 5-70

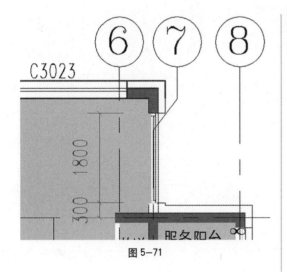

图 5-71

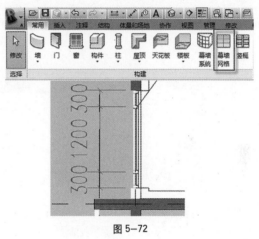

图 5-72

10）单击"常用"选项卡 > "构建"面板 > "幕墙网格"工具，在图示两个位置进行放置（如图 5-72 所示）。

11）进入三维视图，选中刚才绘制的幕墙，点击屏幕下方"临时隐藏 / 隔离"菜单中的"隔离图元"，删除幕墙下方横梃中段，选择幕墙下方网格，单击"修改幕墙网格"上下文选项卡 > "添加 / 删除线段"按钮，然后鼠标单击网格中段，形成如图效果，点击屏幕下方"临时隐藏 / 隔离"菜单中的"重设临时隐藏 / 隔离"恢复其他图元在当前视图的显示（如图 5-73 所示）。

12）单击"插入"选项卡 > "从库中载入"面板 > "载入族"按钮，选择配套光盘中"第 5 章 方案阶段的建筑主体设计"\"案例所需文件"中的"QB_ 双开门 .rfa"文件，点击"打开"将其载入项目，回到楼层平面 F1，选择图示位置幕墙嵌板，鼠标单击嵌板一侧的"〇"图标，将此嵌板解锁，然后在属性浏览器中选择 QB_ 双开门：幕墙嵌板 – 双开门 1（如图 5-74 所示）。

13）在项目浏览器中，选择楼层平面 F3，单击"常用"选项卡 > "构建"面板 > "屋顶"工具，在其下拉菜单中选择"迹线

第 5 章　方案阶段的建筑主体设计

99

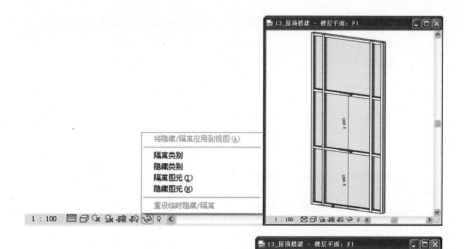

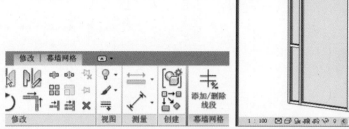

图 5-73

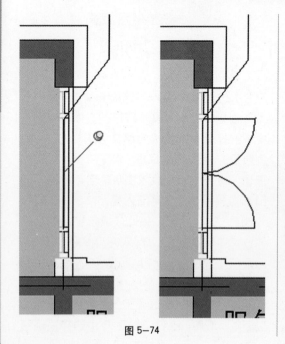

图 5-74

屋顶",进入屋顶轮廓的绘制界面,点击"属性",在"属性"对话框中点击"编辑类型",新建屋顶类型"WD_150+120",(如图 5-75 所示)内容设置其结构,完成后,修改"基准与标高的偏移"为"380",确定完成设置,绘制如图闭合轮廓,选择轮廓,取消其"定义坡度"的选项,点击"完成屋顶"(如图 5-76 所示)。

> **注意**
>
> 楼板实例属性中的"相对标高"控制的是楼板上表面与基准面的偏移量,而屋顶实例属性中的"基准与标高的偏移"控制的是屋顶下表面与基准面的偏移量。

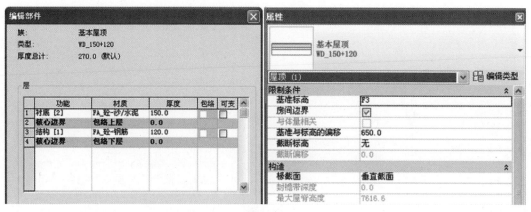

图 5-75

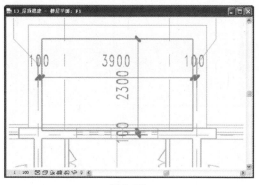

图 5-76

14）回到楼层平面 F1，选中图示位置楼板，单击图标"🔳"将其排除，选中右侧核心筒相同楼板，同样将其排除，完成后，选中当前视图两组楼梯，修改其属性中基准标高为 F2，顶部标高为 F3，确定完成（如图 5-77 所示）。

15）单击"常用"选项卡 > "楼梯坡道"面板 > "楼梯"工具，进入楼梯的绘制界面，点击扶手类型，在弹出对话框中选择"1100mm"，确定完成。点击楼梯属性，设置其宽度为1200，所需梯面数为18，实际踏板深度为280，点击"应用"完成设置，绘制如图梯段，单击"完成编辑模式"完成绘制，删除楼梯右侧靠墙的扶手（如图 5-78 所示）。

16）选择以上步骤 4~ 步骤 15 中绘制的所有图元（包括基本墙、幕墙、屋顶、窗、楼梯及扶手）将其成组，命名为"入口"；完成后，以 9 轴为对称轴进行镜像。

17）进入平面视图 F2，单击"常用"选项卡 > "洞口"面板 > "垂直洞口"工具，单击选择图示位置的楼板作为洞口剪切主

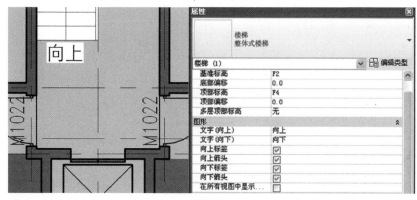

图 5-77

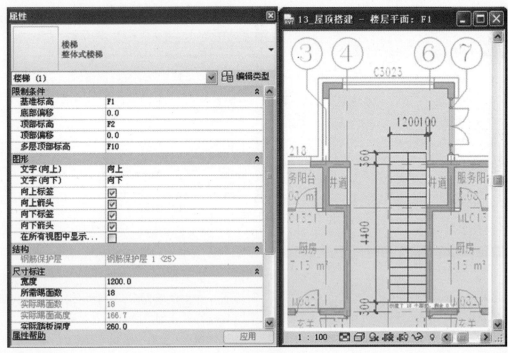

图 5-78

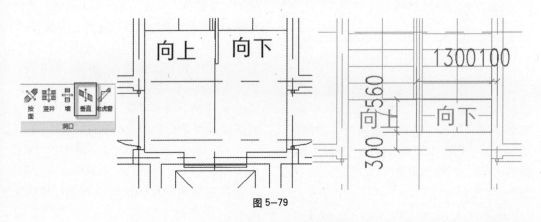

图 5-79

体，进入洞口轮廓的绘制面，绘制如图闭合轮廓，点击"完成编辑模式"，在右侧核心筒对称位置执行相同操作（如图5-79所示）。

18）为防止入口人流对首层中间两户形成视线干扰，将图示位置的两个窗进行排除（如图5-80所示）。

19）单击"常用"选项卡 > "楼梯坡道"面板 > "楼板"工具，进入楼板轮廓绘制界面，点击楼板属性，在类型栏中选

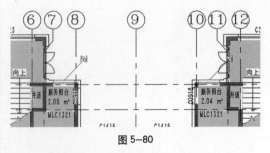

图 5-80

择"100+150"，设置相对标高为"0"；点击"应用"完成设置。然后绘制如图5-81

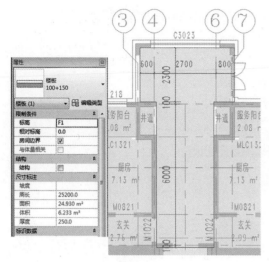

图 5-81

所示的闭合轮廓线，完成后点击"完成编辑模式"，完成轮廓编辑。

20）单击"常用"选项卡 > "楼梯坡道"面板 > "楼板"按钮，进入楼板轮廓绘制界面，

点击"属性"，在"属性"选项卡中点击"编辑类型"以"100+150"为基础新建楼板类型"100+200"，按图示内容设置其"结构"，完成后，修改实例属性中相对标高为"0"；点击"应用"完成设置。然后绘制如图所示的闭合轮廓线，完成后点击"完成编辑模式"，完成轮廓编辑（如图 5-82 所示）。

21）同样方法，新建楼板类型"150"，按图示内容设置其"结构"，完成后，修改实例属性中相对标高为"-150"；点击"应用"完成设置。然后绘制如图所示的闭合轮廓线，完成后点击"完成编辑模式"，完成轮廓编辑（如图 5-83 所示）。

22）单击"常用"选项卡 > "楼梯坡道"> "扶手"按钮，进入扶手路径绘制界面，点击"属性"，在弹出的"属性"选项卡中点击"编辑类型"，类型栏中选择"900mm 圆管"，点击"确定"完成设置。然后单击"工具" > "拾

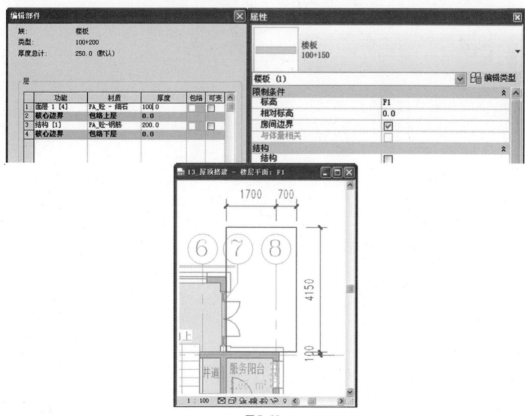

图 5-82

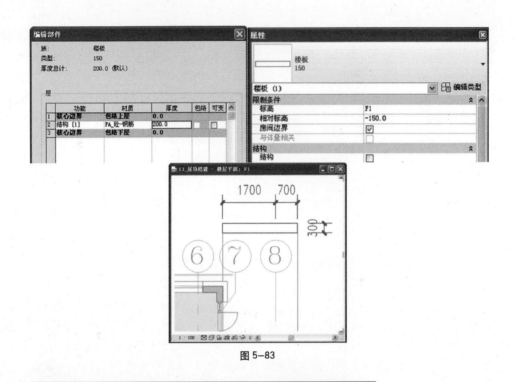

图 5-83

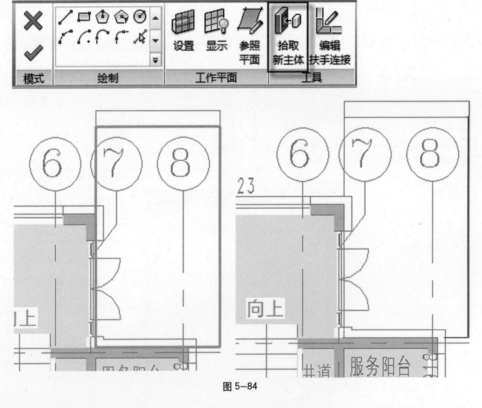

图 5-84

取新主体"，鼠标选择图示位置的楼板，沿楼
板边缘绘制如图所示的线段，完成后点击"完

成编辑模式"，完成路径编辑（如图5-84所示）。
　　23）单击"常用"选项卡 > "楼梯坡道"

面板 > "坡道" 工具，进入坡道的绘制界面，点击 "工具" 面板 > "扶手类型" 工具，在弹出对话框中选择 "圆管扶手"，确定完成。点击 "属性"，在弹出的 "属性" 选项卡中点击 "编辑类型"，修改类型属性中坡道最大坡度（1/x）为 "12"，造型为 "实体"，确定完成后，修改实例属性中基准标高为 "室外标高"，顶部标高为 "F1"，设置其宽度为 1300，点击 "应用" 完成设置，绘制如图梯段，单击 "完成编辑模式" 完成绘制（如图 5-85 所示）。

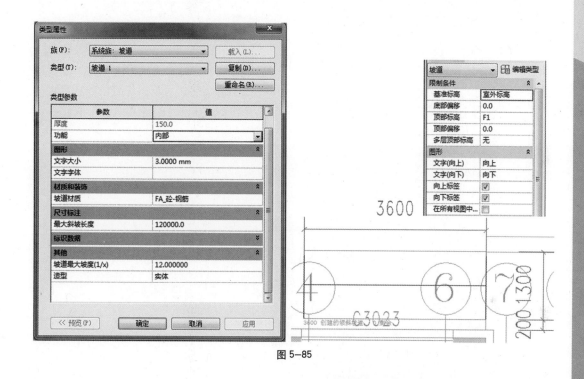

图 5-85

24）选择模型组 "入口"，单击 "成组" 面板 > "编辑组" 工具，将步骤 19 至步骤 23 中绘制的图元（包括楼板、扶手及坡道）添加到组中，点击 "完成"，结束组编辑。观察三维视图（如图 5-86 所示）。

25）完成后保存文件，本节完成后的文件参见光盘中 "第 5 章 方案阶段的建筑主体设计" 文件夹中的文件 "15_入口设计 .rvt"。

图 5-86

第6章 方案阶段的立面、剖面设计及成果输出

6.1 线角设计

1）接上章练习，打开光盘中"第5章方案阶段的建筑主体设计"文件夹中提供的文件"15_入口设计.rvt"。

2）单击左上角图标,选择"新建">"族"按钮,在弹出的选择框中选择"公制轮廓 – 主体.rft"文件（如图6-1所示）,点击打开,进入轮廓族的设计界面。

3）在打开的族文件中，通过直线命令，绘制如图闭合轮廓。完成后，保存为族文件"LK_装饰条a"，然后单击"载入到项目中"，将其直接载入项目"15_入口设计"（如图6-2所示）。

4）回到项目"15_入口设计"，进入三维视图，点击"常用"选项卡>"构建"面

图6-1

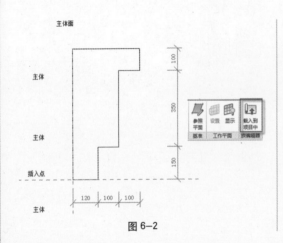

图6-2

板>"墙"按钮下方的三角符号，在下拉菜单中选择"墙饰条"命令，点击类型属性，新建墙饰条类型"线脚A"，设置其轮廓为"LK_装饰条a"，材质为"FA_外饰 – 金属油漆涂层 – 象牙白，粗面"，单击"确定"完成定制（如图6-3所示）。

5）在墙饰条命令激活的状态下，顺次选择除单元门厅与阳台位置外的其他外墙，完成如图6-4所示效果，接着顺次选择单元门厅外墙，再次顺次选择两道阳台外墙，单

图 6-3

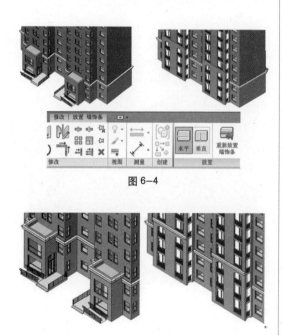

图 6-4

图 6-5

击 "Esc" 键结束墙饰条绘制命令（如图 6-5 所示）。

6）在三维视图中，选择阳台外墙的墙饰条，点击 "修改 / 墙饰条" 上下文选项卡 > "墙饰条" 面板 > "修改转角" 工具，点击墙饰条端部截面，墙饰条端部自动转折 90°，按 ESC 键退出当前命令，选择墙饰条拖动端点距离 350mm，对阳台外墙的墙饰条的其余三个端点执行相同操作（如图 6-6 所示）。

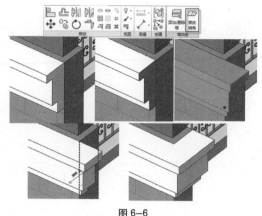

图 6-6

7）重复步骤 2，以 "公制轮廓 – 主体 .rft" 为模板新建轮廓族，在打开的族文件中，通过直线命令，绘制如图闭合轮廓，完成后，保存为族文件 "LK_ 檐口 a"，然后单击 "载入到项目中"，将其直接载入项目 "15_ 入口设计"（如图 6-7 所示）。

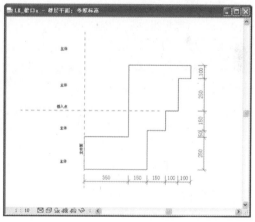

图 6-7

8）回到项目 "15_ 入口设计"，进入三维视图，点击 "常用" 选项卡 > "构建" 面板 > "屋顶" 工具下方的三角符号，在下拉菜单中选择 "檐沟" 命令，点击类型属性，新建墙饰条类型 "屋檐 A"，设置其轮廓为 "LK_ 檐口 a"，材质为 "FA_ 外饰 – 金属油漆涂层 – 象牙白，粗面"，单击 "确定" 完成定制（如图 6-8 所示）。

图 6-8

9）在檐沟命令激活的状态下，顺次沿屋顶边缘，完成如图效果后，单击"Esc"键结束檐沟绘制命令（如图 6-9 所示）。

10）点击"常用"选项卡 >"构建"面板 >"构件"按钮下方的三角符号，在下拉菜单中选择"内建模型"命令，在弹出对话框中选择"常规模型"，点击"确定"，输入构件名称"花饰 A"，再次点击"确定"（如图 6-10 所示），进入构件搭建界面。

11）进入南立面视图，点击"形状"面

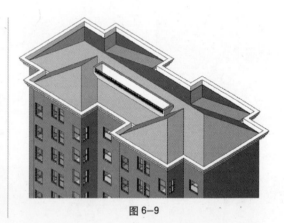

图 6-9

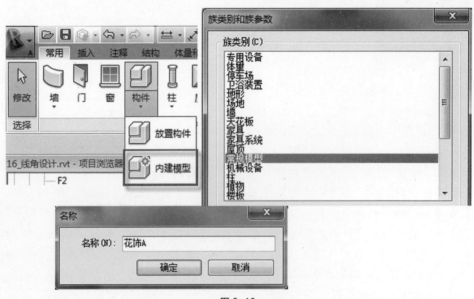

图 6-10

板 > "拉伸"工具,在弹出对话框中选择"拾取一个平面",点击"确定",然后选择图示墙体的外墙面作为拉伸基准面（如图6–11所示）。

12）使用拾取线命令,选择图示墙体轮廓线,然后将其向上偏移100mm,使用直线连接两条圆弧的端点形成闭合轮廓（如图6–12所示）,点击"属性",设置其拉伸终点为100mm,材质为"FA_ 外饰 – 金属油漆涂层 – 象牙白,粗面",单击"应用"完

图 6–11

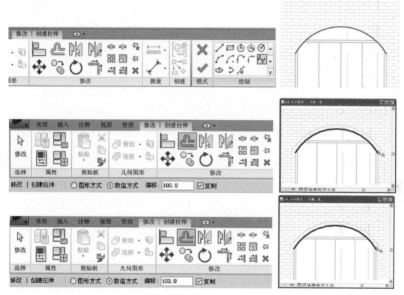

图 6–12

成设置,点击"完成编辑模式"（如图6–13所示）。

13）选择拉伸形成的图元,将其复制到图示其余三个位置（如图6–14所示）。

14）相同操作拉伸及复制完成图示位置花饰的搭建（如图6–15所示）,单击"完成模型",结束当前内建模型的搭建,观察三维视图（如图6–16所示）。

15）完成后保存文件,本节完成后的文件参见光盘中"第6章 方案阶段的立面、剖面设计及成果输出"文件夹中的文件"16_线角设计 .rvt"

图 6–13

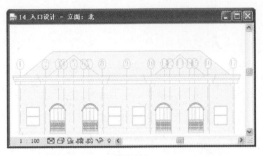

图 6-14

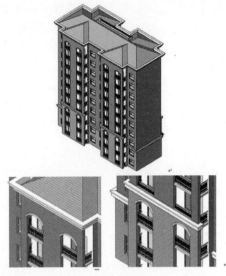

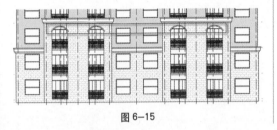

图 6-15

图 6-16

6.2 窗族细化

1）接上章练习，打开光盘中"第6章 方案阶段的立面、剖面设计及成果输出"文件夹中提供的文件"16_线角设计.rvt"。

2）选择"公制窗.rft"族样板：

单击左上角图标，选择"新建" > "族"按钮，在弹出的选择框中选择"公制窗.rft"文件，点击打开，进入窗族的设计界面（如图6-17所示）。

3）定义参照平面与内墙的参数，以控制窗户在墙体中的位置。

单击墙中心的参照平面并将其解锁，单击"注释"选项卡 > "尺寸标注"面板 > "对齐"工具，为参照平面"中心（前/后）"与内墙标注尺寸，选择此标注，单击选项栏中"标签"下拉箭头"添加参数"，打开"参数属性"对话框，确定"参数类型"选择为"族参数"，

图 6-17

在"参数数据"中添加参数"名称"为"内墙距窗户中心距离",并设置其"参数分组方式"为尺寸标注,并选择为"实例属性",单击"确定"完成参数的添加（如图6-18所示）。

4）设置工作平面:

单击"常用"选项卡 > "工作平面"面板 > "设置"命令,在弹出的"工作平面"对话框内,选择"拾取一个平面",选择墙体中心位置的参照平面为工作平面,在弹出的"转到视图"对话框中,选择"立面: 外部"打开视图（如图6-19所示）。

5）为构件添加"开启扇高度"参数:

单击"常用"选项卡 > "基准"面板 > "参照平面"命令,绘制参照平面,使用尺寸标注命令标注尺寸;选择此标注,为其添加参数命名为"开启扇高度",并设置其"参数分组方式"为尺寸标准,单击"确定"完成参数的添加（如图6-20所示）。

6）创建窗框,并为其添加"窗框宽度"参数:

单击"常用"选项卡 > "形状－拉伸"命令 > "绘制"面板下,选择矩形绘制方式,以洞口轮廓及参照平面为参照,进行创建轮

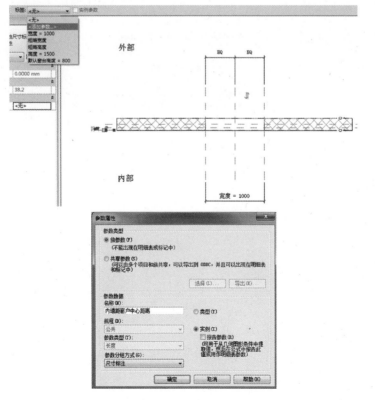

图6-18

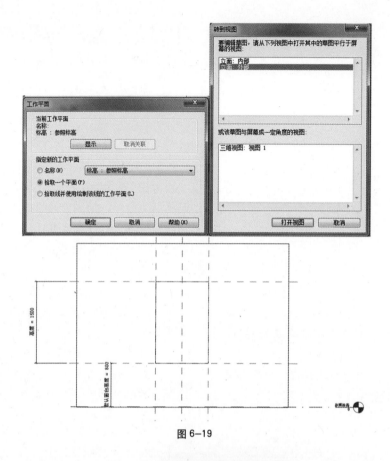

图 6-19

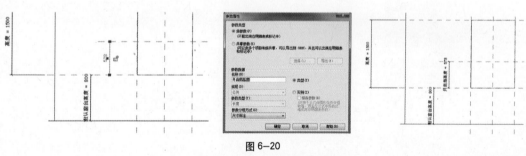

图 6-20

廓线并与洞口进行锁定，绘制完成（如图 6-21 所示）。

单击"注释"面板 > "尺寸标注"命令为窗框添加尺寸标注，选择任意窗框尺寸标注，选项栏中"标签"后下拉箭头"添加参数"，在弹出的"参数属性"对话框中，为尺寸标注添加"窗框宽度"参数，点击确定（如图 6-22 所示）。选择所有尺寸标注，选择选项栏中"标签"后下拉箭头"窗框宽度"，完成（如

图 6-23 所示）。

> **注意**
>
> 由于此族文件的特殊样式，注意中间两道窗框需添加尺寸标注"EQ"，保证其两边尺寸相等（如图 6-24 所示）。

单击"属性"面板下"属性"命令，在"属性"对话框中设置拉伸起点及拉伸终

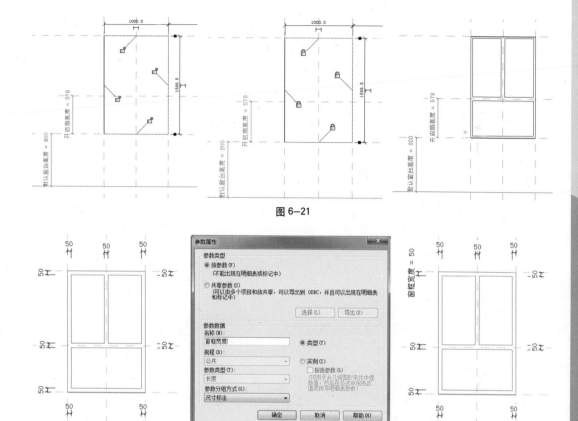

图 6-21

图 6-22

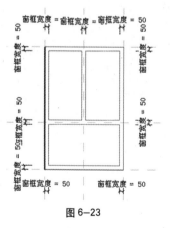

图 6-23

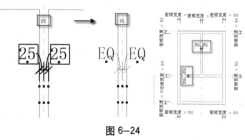

图 6-24

点，将拉伸终点设置为"25"，拉伸起点设置为"–25"（如图 6-25 所示），点击确定，完成拉伸。

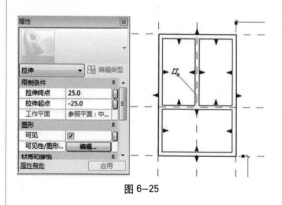

图 6-25

7）设置构件的可见性：

选择绘制的窗框轮廓，单击上下文选项"修改拉伸">"模式"面板>"编辑拉伸"命令，单击"属性"面板>"属性"命令，单击"可见性/图形替换"后的"编辑"按钮，打开"族图元可见性设置"对话框中，设置其视图显示，只将"前/后视图"勾选，说明其他视图此构件不可见，此时窗框构件在平面视图中为灰显状态，点击确定（如图6-26所示）。

8）为窗框添加材质参数：

单击"图元"面板>"拉伸属性"命令>"材质"后的矩形按钮，打开"关联族参数"对话框，单击"添加参数"按钮，打开"参数属性"对话框，为材质参数添加名称为"窗框材质"，参数分组方式为"材质和装饰"，三次"确定"完成参数的添加，完成拉伸（如图6-27所示）。

9）创建开启扇构件并为其添加参数：

创建开启扇以窗框洞口轮廓为参照创建轮廓线时，切记要与洞口进行锁定，这样才能与窗框发生关联（如图6-28所示）。

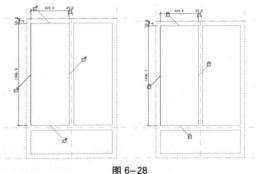

图 6-28

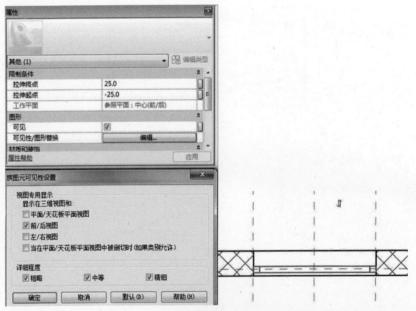

图 6-26

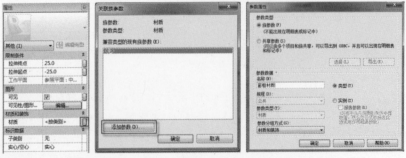

图 6-27

使用上述方法创建"开启扇"窗框构件，添加"开启扇边框宽度"参数，设置其拉伸起点、拉伸终点、构件的可见性、材质参数的添加，完成拉伸（如图 6-29 所示）。

10）为窗族添加玻璃构件及为其添加相应参数：

相同方法注意绘制玻璃轮廓线时一定要与内框进行锁定，并设置其拉伸起点、拉伸终点、构件的可见性、材质参数的添加，完成拉伸（如图 6-30 所示）。

图 6-29

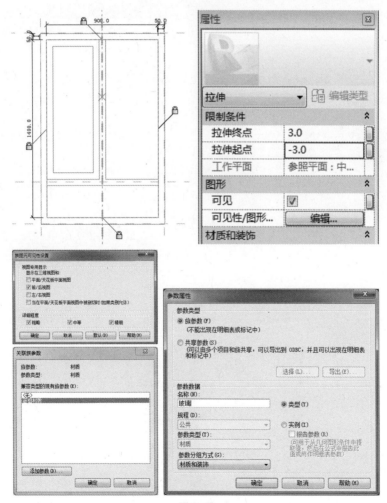

图 6-30

11）为窗框添加厚度参数：

在项目浏览器中打开"参照标高"视图标注窗框及开启扇的厚度并赋予"窗框厚度"参数、"开启扇边框厚度"参数（注：添加尺寸标注前需先添加 EQ 标注）（如图 6-31 所示）。

12）为窗族添加窗台构件：

打开"参照标高"视图，设置其工作平面为左侧或右侧参照平面，使用"实体拉伸工具"，创建轮廓并设置其相应属性如拉伸起点、终点、构件的可见性及窗台的材质参数等（如图 6-32 所示）。

13）测试所添加参数：

所有构件类已经添加完成，此时测试一下所添加参数是否可以正常修改：单击"创

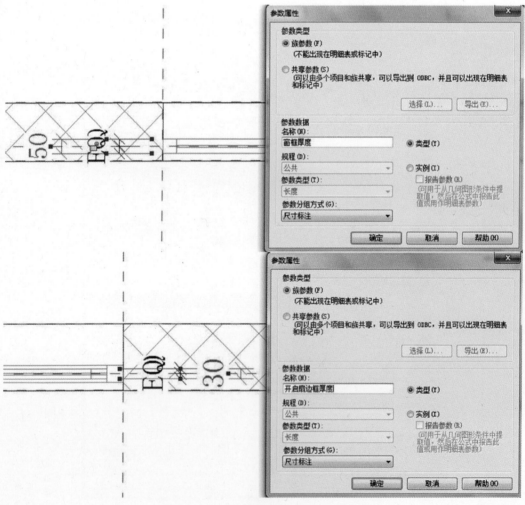

图 6-31

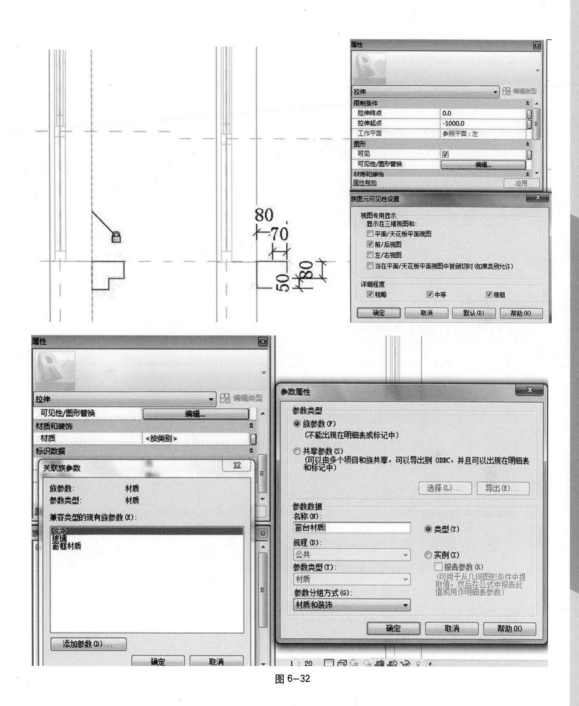

图 6-32

建"选项卡 > "族属性"面板下"类型"命令，打开"族类型"对话框，调整其材质参数、及尺寸标注参数是否可以正常调整（如图 6-34 所示）。

14）使用符号线绘制窗族的平面、剖面二维显示：

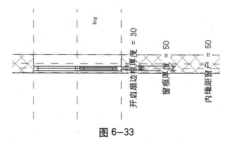

图 6-33

图 6-34

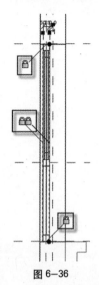

打开"项目浏览器"中任意"左、右立面",使用"符号线"绘制窗的剖面正确显示,锁定其与洞口的位置(如图 6-36 所示)。

图 6-36

打开"参照标高"视图,单击"注释"选项卡 >"详图"面板下"符号线"命令,在"类型选择器"中选择线类型,绘制二维显示线,并将线的两端与洞口进行锁定(如图 6-35 所示)。

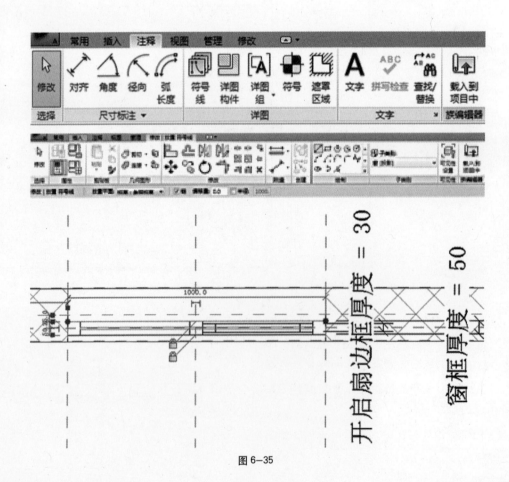

图 6-35

15）保存窗族：

此时打开一个新的项目文件，将已经创建好的窗族载入到项目中进行相应测试，确定无误后，保存为族文件"C_平开窗-3-1"（如图6-37所示）。

图6-37

16）类似方式，新建窗族"C_平开窗-2-1"与"C_平开窗-4-2"。（参照光盘中"第6章 方案阶段的立面、剖面设计及成果输出"\"案例所需文件"文件夹中提供的同名文件）。

17）回到项目"05_阳台设计"，点击"插入"选项卡>"从库中载入">"载入族"工具，在弹出对话框中选择以上完成的三个窗族，点击"打开"载入（如图6-38所示）。

图6-38

18）在项目浏览器中使用鼠标右键选择"C_平开窗-2-1：C_平开窗-2-1"，在弹出菜单中选择"属性"，复制新建窗类型"C0918"，按如图所示内容修改其"材质和装饰"与"尺寸标注"栏中各项属性，点击"确定"完成定制（如图6-39所示）。

19）在项目浏览器中使用鼠标右键选择"C_平开窗-3-1：C_平开窗-3-1"，在弹出菜单中选择"属性"，复制新建窗类型"C1218"，按如图所示内容修改其"材质和装饰"与"尺寸标注"栏中各项属性，完成后，点击"复制"继续新建类型"C1415"（高度1500mm；宽度1400mm）、"C1818"（高度1800mm；宽度1800mm）完成后点击"确定"完成定制（如图6-40所示）。

20）在项目浏览器中使用鼠标右键选择"C_平开窗-4-2：C_平开窗-4-2"，在弹出菜单中选择"属性"，复制新建窗类型"C3023"，按如图所示内容修改其"材质和装饰"与"尺寸标注"栏中各项属性，点击"确定"完成定制（如图6-41所示）。

21）进入三维视图，选择模型组"入口"其中之一，点击"编辑组"，进入组编辑界面，选择图示两窗"塑钢窗：C3023"，在类型选择器中将其替换为"C_平开窗-4-2：C3023"，点击"完成"结束组编辑（如图6-42所示）。

22）进入平面视图F1，选择左侧模型组"户型A"，点击"编辑组"，进入组编辑界面，分别选择各窗按下列对应方式进行替换，完成后点击"完成"结束组编辑。

原有窗：塑钢窗：C1218　　替换为：C_平开窗-3-1：C1218

原有窗：塑钢窗：C0918　　替换为：C_平开窗-2-1：C0918

原有窗：塑钢窗：C1415　　替换为：C_平开窗-3-1：C1415

原有窗：塑钢窗：C1818　　替换为：C_平开窗-3-1：C1818

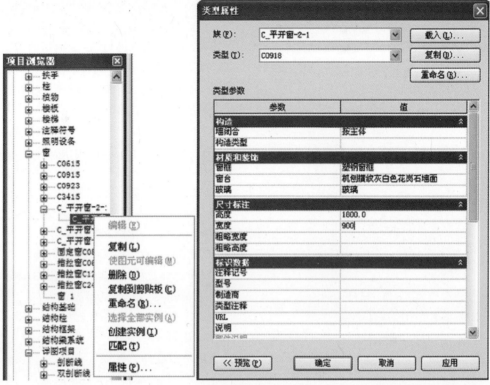

图 6—39

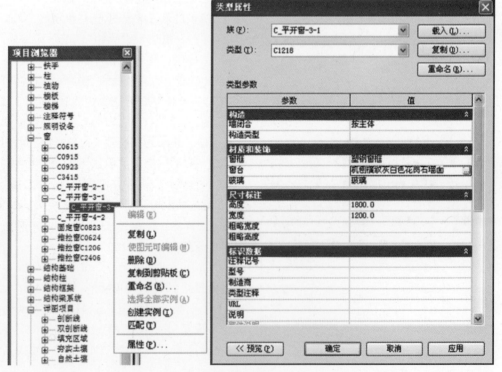

图 6—40

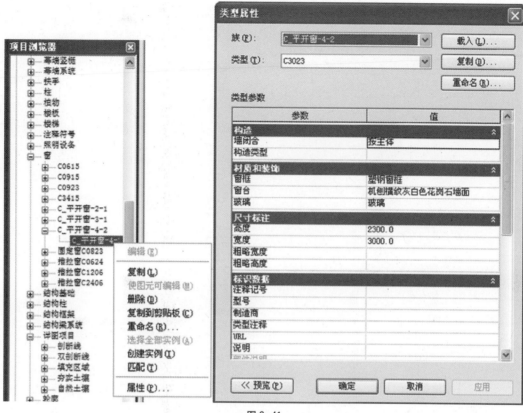

图 6—41

图 6—42

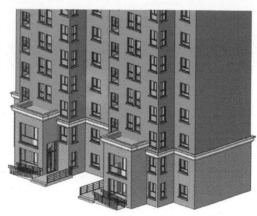

图 6—43

23）进入平面视图 F3，选择模型组"交通核"，点击"编辑组"，进入组编辑界面，选择图示两窗"塑钢窗：C0918"，在类型选择器中将其替换为"C_平开窗 –2–1：C0918"，点击"完成"结束组编辑。观察三维视图（如图 6–43 所示）。

24）完成后保存文件，本节完成后的

文件参见光盘中"第 6 章 方案阶段的立面、剖面设计及成果输出"文件夹中的文件"17_窗族细化 .rvt"。

6.3　门族细化

接上章练习，打开光盘中"第 6 章 方案阶段的立面、剖面设计及成果输出"文件夹中提供的文件"17_窗族细化.rvt"。

1）打开族：

在项目浏览器中选择"M_推拉门_双开"，使用鼠标右键在弹出菜单中选择"编辑"，进入门族的设计界面（如图 6-44 所示）。

图 6-44

2）思路要考虑将门扇进行更换，方法使用嵌套族的方式完成。

3）使用"公制常规模型族"创建门扇：

单击"应用程序菜单"> 新建 > 族 >

公制常规模型，打开"公制常规模型"族样板，首先将族类型更改为门，单击"属性"面板下的"类型和参数"命令，在打开的"族类别和族参数"的对话框内将常规模型改为"门"，确定退出，再进行构件的创建（如图 6-45 所示）。

图 6-45

4）设置工作平面：

单击"常用"选项卡 >"工作平面"面板下"设置"命令，设置工作平面，单击"中心前 / 后"参照平面设置其为工作平面（如图 6-46 所示）。

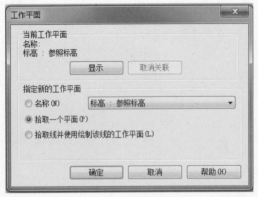

图 6-46

第二部分　方案阶段

5）创建参照平面：

在打开的"前立面"视图中，单击"创建"选项卡 > "形状"面板下"实心 – 拉伸"命令，为了使所添加参数显示在构件内部，而不显示在模型空间影响族外观效果，此时单击"创建"选项卡 > "基准"面板下"参照平面"命令，创建一个参照平面，并使用临时尺寸标准调整其位置（如图 6–47 所示）。

6）创建门扇构件并添加"边框宽度"参数：

单击"创建拉伸"选项卡 > "绘制"面板下，使用矩形创建门扇轮廓，并使用尺寸标注将门扇边框进行标注，选择所有边框尺寸标注，单击选项栏"标签"下拉箭头"添加参数"在弹出的"参数属性"中添加"边框宽度"参数（如图 6–48 所示）。

注意

中间边框的 EQ 添加。

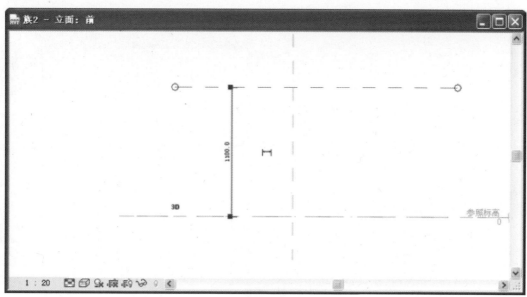

图 6–47

图 6–48

7）添加门扇"宽度"、"高度"参数：

由于将"常规模型"更改为"门"族类型，所以参数中就已经自动添加好"宽度"、"高度"、厚度等参数，只需将尺寸标注与参数一一关联起来即可（如图6-49所示）。

8）添加F1限制参数：

为参照平面添加尺寸标注，单击选项栏"标签"后的下拉箭头，"添加参数"名称为"F1"分组方式为"限制条件"，确定退出，并为此参数添加公式，单击"族属性"面板下"类型"命令，在打开的"族类型"对话框中在"限制条件"下"F1"参数后"公式"一栏添加如下公式："高度/2"（如图6-50所示）。

注意

在输入公式时数字与符号一定要在英文输入法的状态下进行输入。

9）设置其拉伸属性：

单击"图元"面板下的"拉伸属性"命令，在弹出的"实例属性"对话框中设置"拉伸起点、终点"、构件"可见性/图形替换"、门框材质参数的添加（如图6-51所示）。

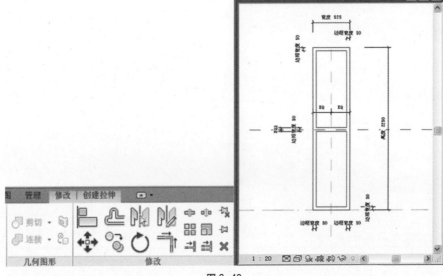

图6-49

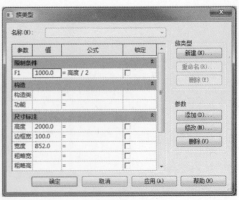

图6-50

图 6-51

10）为门框构件添加厚度参数：

打开"参照标高"平面视图，为门框构件添加"EQ"标注，选择此标注，选项栏中"标签"后的下拉箭头"添加参数"在打开的"参数属性"中添加名称为"门扇厚度"分组方式为"尺寸标注"，确定后退出（如图 6-52 所示）。

图 6-52

11）创建玻璃构件并为其添加材质参数：

单击"创建"选项卡，设置中心参照平面为工作平面，打开任意立面进行玻璃构件轮廓的创建，注意要将其与内边框进行锁定。

单击"拉伸属性"命令在"实例属性"对话框中设置其"拉伸起点、终点"、"可见性/图形替换"后的编辑按钮设置图元的可见性、单击材质后的矩形按钮，添加材质参数（如图 6-53 所示）。

12）为玻璃构件添加厚度参数：

打开"参照标高"平面视图，为玻璃构

件添加尺寸标注，选择该标注进行锁定尺寸（如图 6-54 所示）。

13）测试所添加参数并保存族：

点击"族属性"面板下"类型"命令，测试添加的所有参数，确定无误后保存此族门扇 .rfa（如图 6-55 所示）。

14）载入门扇到"M_推拉门_双开"族内：

单击"插入"选项卡 > "从库中载入"面板下，"载入族"命令，在本机中找到"门扇"族的存放位置，并将其载入进来（如图 6-56 所示）

15）确定"门扇"的位置：

单击打开"参照标高"视图，此时并不能显示该构件已经载入进来，单击"创建"选项卡 > "模型"面板下，"构件"命令，将载入进来的"门扇"鼠标单击放置到族空间内，使用"修改"选项卡 > "编辑"面板下的"对齐"命令，确定构件的准确位置（如图 6-57 所示）。

16）匹配族参数：

选择门扇，单击"图元"面板下的"图元属性"下拉箭头"类型属性"，打开类型

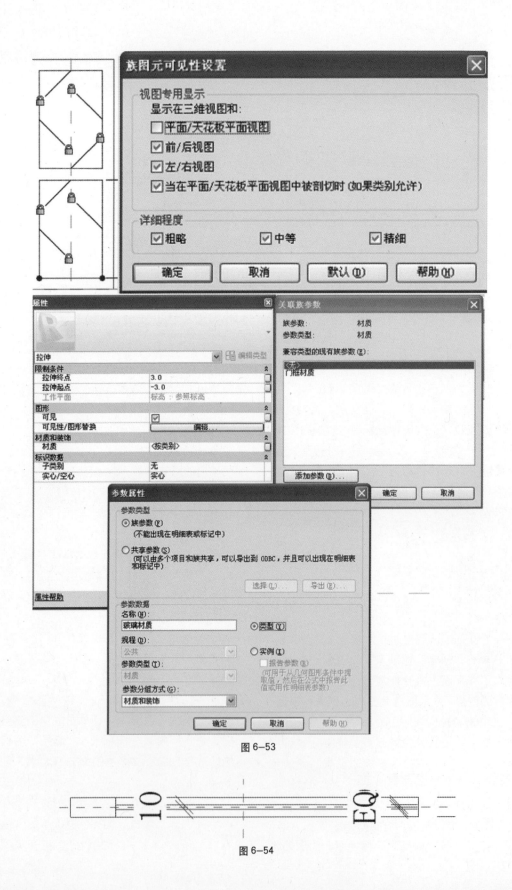

图 6-53

图 6-54

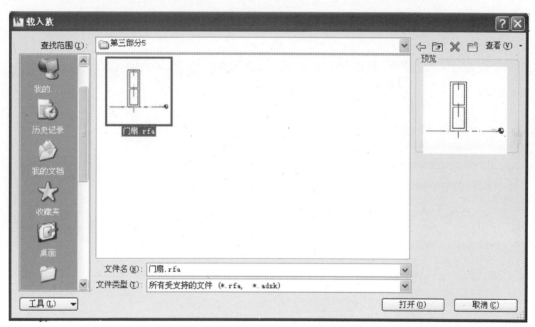

图 6-55

图 6-56

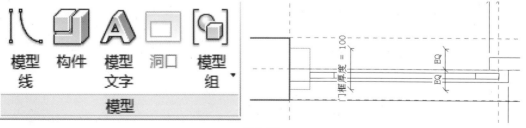

图 6-57

属性对话框，在"材质和装饰"、"尺寸标注"两栏的参数后分别单击矩形按钮，在打开的"关联族参数"对话框中单击"添加参数"按钮，添加相对应的材质参数和尺寸参数，一一对应后参数全部灰显，确定匹配成功，确定后退出（如图 6-58 所示）。

17）复制门扇并调整符号线位置：

用复制的方式创建其余三个门扇，使用"对齐"命令，单击目标对齐点，再单击需要对齐的对象，对齐并锁定处理，使用此方法确定门扇及二维符号线的正确位置（如图 6-59 所示）。

18）创建剖面二维显示：

注意门的剖面显示，门的剖面显示需注意其过梁的显示状态，首先使用"详图项目"族文件样板，制作过梁梁断面，添加其

梁宽、梁高尺寸参数注意此参数为实例参数，设置其填充区域的属性为实体填充黑色（如图 6-60 所示）。

将已经创建好的"过梁梁断面 .rfa"族文件载入到"M_ 推拉门 _ 双开 .rfa"文件里，打开任意左右立面，首先创建一个控制过梁高度的参照平面，单击"详图"选项卡，"详图"面板下，"详图构件"命令，将"过梁梁断面"放置视图区域中，使用"对齐"或拖拽的方法，将其与参照平面进行锁定处理，并在其"属性"中将尺寸参数匹配到门族文件中（如图 6-61 所示）。

使用"符号线"创建剖面显示，将其与门洞口进行锁定处理，并添加"EQ"尺寸标注，剖面显示设置完成后的最后效果（如图 6-62 所示）。

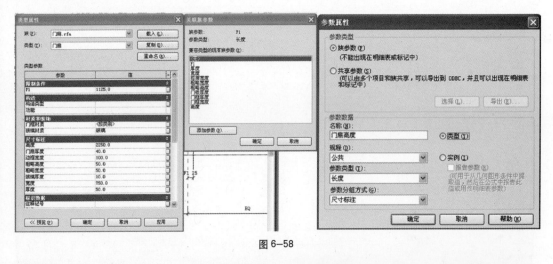

图 6-58

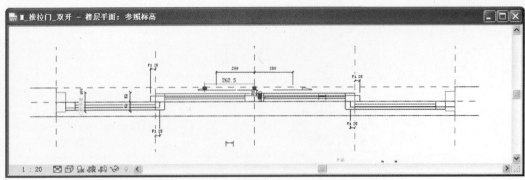

图 6-59

图 6-60

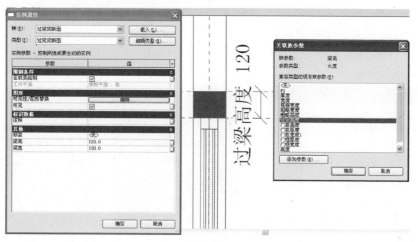

图 6-61

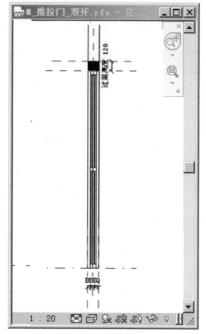

图 6-62

19）为参数添加公式：

单击"族属性"面板下"类型"命令，打开"族类型"对话框，为门扇高度、门扇宽度以及搭接宽度添加相应的公式，公式如下：门扇高度 = 高度 - 门框宽度；门扇宽度 =（宽度 - 门框宽度 × 2）/4+ 搭接宽度；搭接宽度 = 门扇边框宽度 /2，并测试所添加参数是否可以正常调整使用（如图 6-63 所示）。

📖 **注意**

在输入公式时注意符号和数字的输入要切换到英文输入法。

20）载入到项目中：

测试无误，点击"载入到项目中"，在

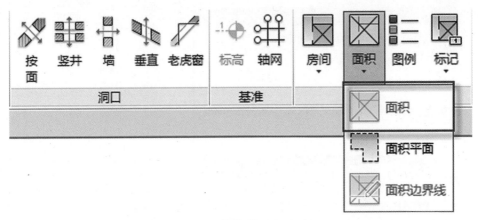

图 6-63

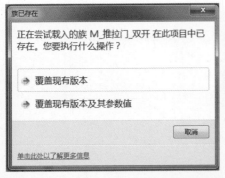

图 6-64

弹出的对话框中选择"覆盖现有版本",观察三维视图(如图 6-64 所示)。

21)完成后保存文件,本节完成后的文件参见光盘中"第 6 章 方案阶段的立面、剖面设计及成果输出"文件夹中的文件"18_门族细化 .rvt"。

6.4 成果输出

1)接上章练习,打开光盘中"第 6 章 方案阶段的立面、剖面设计及成果输出"文件夹中提供的文件"18_ 门族细化 .rvt"。

2)进入南立面视图,将标高标头拖动到图示的位置。选择 2-16 轴,点击"修改轴网"上下文选项卡 >"隐藏"按钮一侧的三角符号,在下拉菜单中单击"图元"命令,选取 1 轴,取消其上端的轴头显示控制的复选框,同时,勾选当前轴下端轴头显示控制的复选框,完成后,选择 17 轴,执行相同操作(如图 6-65 所示)。

3)点击屏幕下方视图控制栏中的模型图像样式,选择"带边框着色"(如图 6-66 所示)。

图 6-66

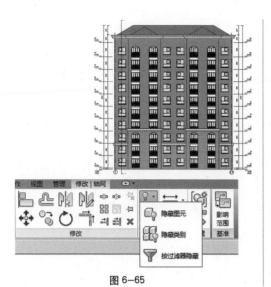

图 6-65

4）点击"阴影"按钮选择"图形显示选项"，在弹出的对话框中设置侧轮廓样式为"06_实线_黑"，点击"确定"，完成显示设置（如图 6-67 所示）。

5）单击"注释"选项卡 > 尺寸标注面板 > 对齐命令，添加建筑总高度及层高尺寸，效果如图 6-68 所示。

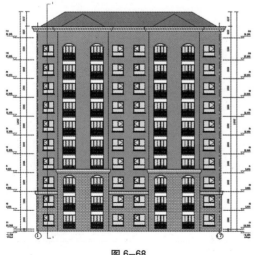

图 6-67

图 6-68

6）在项目浏览器中，鼠标右键单击南立面视图，在弹出的对话框中选择"通过视图创建视图样板"，输入视图样板名称为"FA_立面视图 _100"，两次点击"确定"，完成视图样板的定制（如图 6-69 所示）。

7）在项目浏览器中，同时选择北立面及东西立面，使用鼠标右键单击任一选中项，选择"应用视图样板"，在弹出的"应用视图样板"对话框中选择"FA_ 立面视图 _100"，点击"确定"，完成视图样板的应用（如图 6-70 所示）。

8）在北立面及东西立面中分别按步骤 2 中隐藏多余轴线，并调整轴头显示状态，

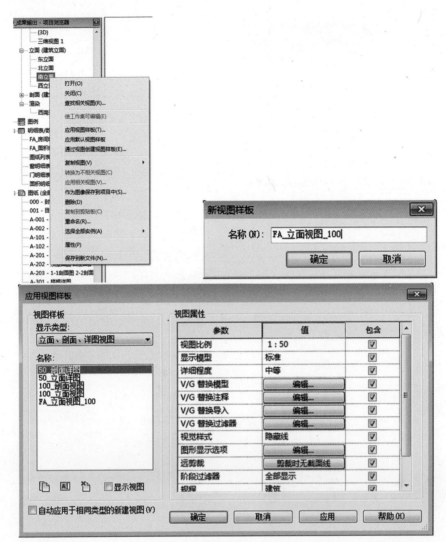

图 6—69

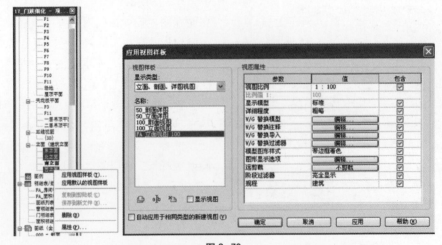

图 6—70

最后使用尺寸标注面板上的对齐命令添加建筑总高度及层高尺寸,以此完成全部立面视图的制作。

9)打开平面视图F1,点击"视图"选项卡 > "创建"面板 > "剖面"工具,在1轴与2轴之间绘制平行于1轴的剖面,选择创建的剖面线,拖拽其裁剪区域如图6-71所示;点击"属性",修改详细程度为"精细",视图名称为"1",取消"裁剪区域可见"的复选框,点击"确定"完成修改(如图6-71所示)。

注意

在生成立面、剖面等视图时,在满足图面显示的前提下,尽可能缩小远裁剪的范围,以减少视图生成时的计算量。

10)选择剖面1,点击剖面线中间的"线段间隙",托拽控制柄,效果如图6-72所示。

11)双击蓝色剖面标头,进入剖面1视图,保留B、E、G轴线,将其他轴线隐藏,按步骤2中操作调整B、E、G轴线轴头的下端显示。

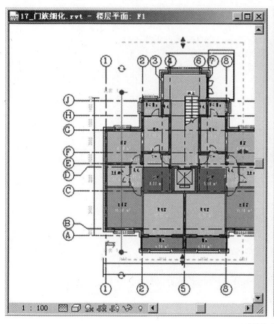

图 6-71

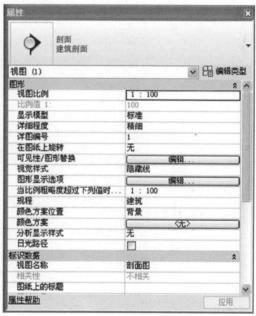

12)点击"修改"选项卡 > "连接"按钮,在图示四个交接位置顺次点击墙与楼板,使其得到图示效果,执行相同操作完成其他标高墙与楼板交接的修改(如图6-73所示)。

注意

在对两个图元使用连接命令之后,图元直接相同材质且接触的构造层会自动连接,具有相同填充样式而不是相同材质的构造层无法消除公共边。

图 6-72

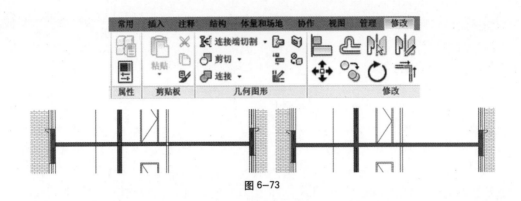

图 6-73

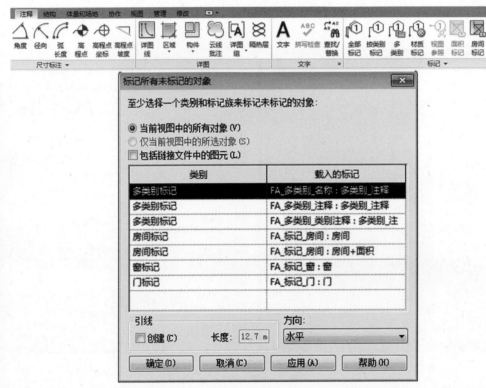

图 6-74

13）点击"注释"选项卡 > "标记"面板 > "全部标记"按钮，在弹出对话框中选择"房间标记" – "FA_标记_房间：房间"，点击"确定"完成添加（如图 6-74 所示）。

14）点击"修改"选项卡 > "属性"按钮，在弹出对话框中编辑"可见性/图元替换" – 进入可见性编辑菜单，勾选"截面线样式"，点击编辑（如图 6-75 所示）；在弹出的对话框中进行设置，三次点击"确定"完成设置（如图 6-76 所示）。

15）单击"注释"选项卡 > 尺寸标注面板 > 对齐命令添加建筑总高度及层高尺寸，完成剖面图的制作，效果如图 6-77 所示。

16）打开平面视图 F1，点击"视图"选项卡 > "三维视图"按钮下方的三角符号（如图 6-78 所示），在下拉菜单中点击"相机"按钮，在视图中设置相机（如图 6-79 所示）。

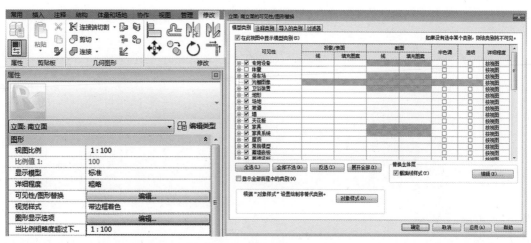

图 6—75

图 6—76

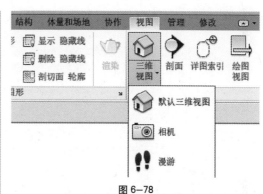

图 6—78

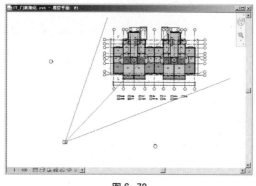

图 6—79

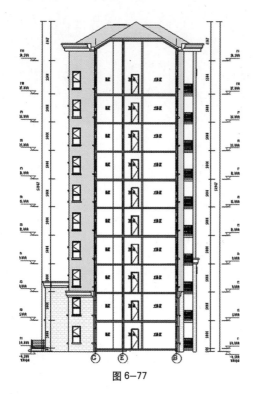

图 6—77

17）进入生成的三维视图 1，托拽裁剪区域形成如图效果（如图 6-80 所示）。

18）点击"管理"选项卡 >"材质"按钮，在弹出对话框中选择材质"FA_ 外饰 – 面砖 1,XXX"，设置渲染外观面板中的图像文件为"Brick_Non_Uniform_Running_Red.

图 6-80

jpg"，相同操作，修改材质"FA_外饰-面砖 1,XXX"，设置其渲染外观中的图像文件为"CMU_Running_ 200x400_Light_Gray.jpg"，点击"确定"，完成材质修改（如图 6-81 所示）。

19）点击屏幕下方视图控制栏中的模型图像样式，选择"带边框着色"，同时打开阴影。

20）点击屏幕下方视图控制栏中的模型图像样式，选择"显示渲染对话框"，打开菜单，打开"日光"一项的下拉菜单，选择"编辑/新建…"，点击"复制"，新建"日光"类型"北京 -10.00-10-05"，并按如图内容进行设置，点击"确定"完成日光设置（如图 6-82 所示）。

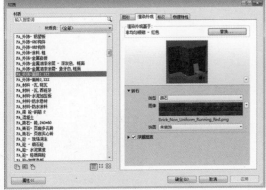 

图 6-81

图 6-82

21）修改"质量"为"中"，输出设置为"打印机 –150 DPI"，点击"渲染"按钮，开始进行渲染，完成后点击"保存到项目中…"，并命名为"西南透视"（如图 6-83 所示）。

22）在项目浏览器中单击"渲染"栏打开"西南透视"图，点击屏幕左上角的"应用程序菜单" > "导出" > "图像和动画" > "图像"（如图 6-84 所示），在弹出菜单中按图示内容进行设置（如图 6-85 所示）。

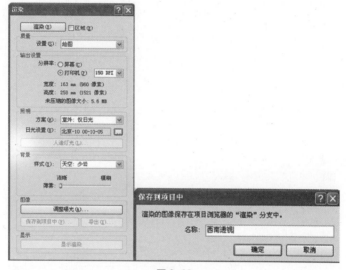

图 6-83

图 6-84

第 6 章 方案阶段的立面、剖面设计及成果输出

137

23）打开导出的图片，效果如图 6-86 所示。

24）完成后保存文件，本节完成后的

文件参见光盘中"第 6 章 方案阶段的立面、剖面设计及成果输出"文件夹中提供的文件"19_ 成果输出 .rvt"。

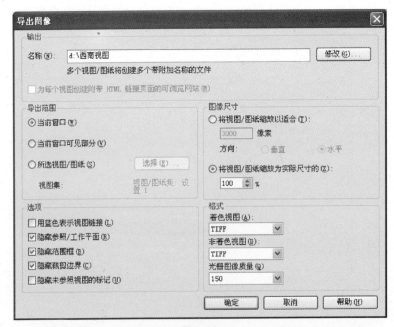

图 6-85

图 6-86

第 三 部 分

施工图阶段 •——

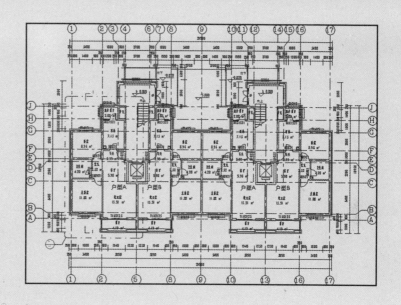

第7章 施工图深化设计

概述：以方案阶段完成的模型为基础，进行施工图的深化设计。

如何将方案深度的模型转化为施工图设计深度的模型，并从模型中提取数据作为此阶段的成果进行输出，这便是此章内容需要解决的问题。

本章内容中，在原有构件的基础上进行了构造做法的定制，并对图元所用到的材质进行调整，以此满足施工图设计的标准；同时，通过一定的二维修饰作为构造定制的补充，最终达到施工图表达深度。其次，通过面积明细表的制作，将模型中的信息进行提取，来作为设计输出条件；最终完成全部施工图设计工作。

7.1 构造设置

1）接上章练习，打开光盘中"第6章 方案阶段的立面、剖面设计及成果输出"文件夹中提供的文件"19_成果输出.rvt"。

2）删除"颜色图例"。

在 F1 视图中，选择颜色图例，单击"修改 颜色填充图例"选项卡 >"方案"面板下的"编辑方案"命令，在打开的"编辑颜色方案"对话框中选择方案为"无"确定退出，然后删除图例（如图 7-1 所示）。

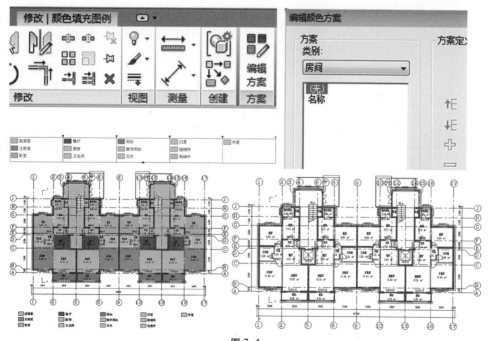

图 7-1

3）填充图案的加载。

将"石材.pat"载入到项目中，单击"管理"选项卡 > "其他设置"按钮，在下拉菜单中选择"填充样式"，在弹出的对话框中选择"绘图"，选择"新建"，在"添加表面填充图案"对话框中选择"自定义"，点击"导入"，在选择菜单中选择光盘中"第三部分施工图阶段"\"第7章施工图深化设计"\"案例所需文件"下的"石材.pat"文件，此填充图案用于，"FA_外饰－面砖2,XXX"此材质的截面填充图案，修改导入比例为

"1:1"，确定完成填充图案的定制（如图7-2所示）。

4）修改墙体构造层。

选择墙命令，选择"WQ_150+（200）_剪"设置其结构，单击"放置墙"选项卡 > "属性"打开"属性"对话框，设置其"限制条件"顶部偏移"-600"，单击"编辑类型"打开"类型属性"对话框中单击"结构"后的"编辑"按钮，在"编辑部件"对话框中点击"插入"，插入三个新层，通过"向上"、"向下"命令调整层的顺序（如图7-3所示）。

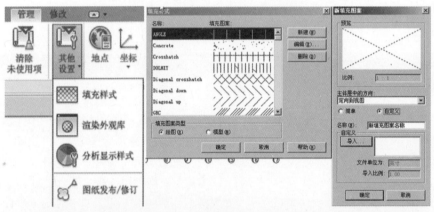

图 7-2

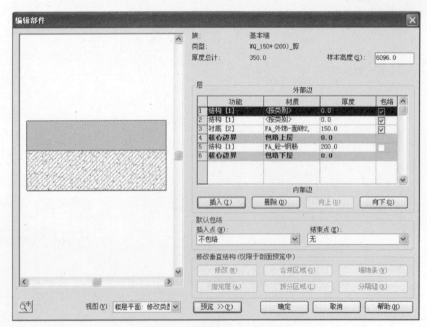

图 7-3

将 3 层 "功能" 修改为 "衬底 [2]"；单击 "材质" 列值 "按类别"，打开 "材质" 对话框，选择 "FA_ 保温 – 挤塑聚苯" 如图 7–4 所示，单击 "确定"；设置 "厚度" 值为 50，勾选包络状态。

同理，将 2 层 "功能" 修改为 "保温层 / 空气层"，"材质" 为 FA_ 构造 – 龙骨，"厚度" 修改为 80，将 1 层 "功能" 修改为 "面层 1 [4]"，"材质" FA_ 外饰 – 面砖 2,XXX，"厚度" 修改为 20。注：设置墙体的 "在端点包络" 方式为 "外部"（如图 7–5 所示）。

注意

复合墙中不同墙层具有下列功能及优先权：

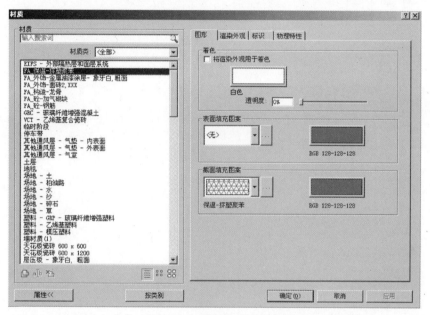

图 7–4

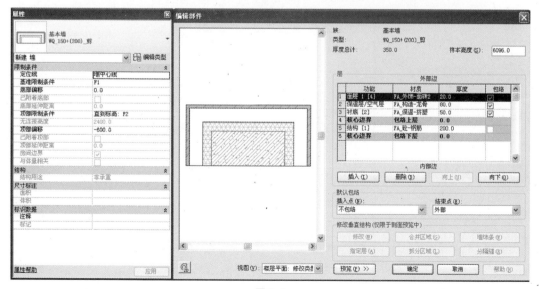

图 7–5

功能 / 优先权　　　描述

结构（优先权 1 ）　　支撑其余墙、板、屋顶的层。

衬底（优先权 2 ）　　材料，例如胶合板或石膏板，作为其他层的基础。

热障 / 空气层（优先权 3 ）　隔绝并防止空气渗透。

涂膜层　　　　　　通常用于防止水蒸气渗透的薄膜，厚度应该为零

涂层 1（优先权 4 ）　涂层 1 通常为外部层。

涂层 2（优先权 5 ）　涂层 2 通常为内部层。

5）选择"WQ_150+（200）_隔"使用上述方法，修改其 "属性"中调整顶部偏移为"–600"，构造层设置与"WQ_150+（200）_剪"设置方法相同。注"面层 1［4］"构造层的材质有所变化，使用"FA_砼–加气砌块"表面及截面都无填充图案，同样的厚度设置,同样需要各层处理包络的状态（如图 7-6 所示 ）。

6）选择"WQ_70+（200）_剪"使用上述方法，修改其 "属性"中调整顶部偏移为"–600"（如图 7-7 所示 ）。

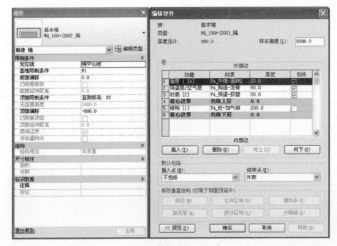

图 7-6

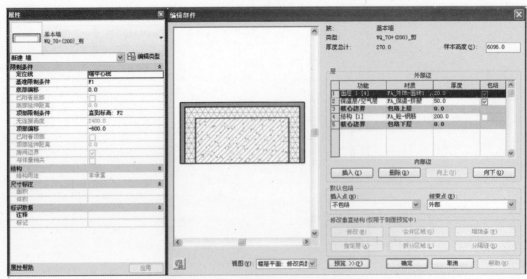

图 7-7

7）新建墙体类型。

选择任意墙体，打开其"属性"对话框，单击"编辑类型"在"类型属性"对话框中单击"复制"按钮，在弹出的对话框中输入新墙体类型的名称：WQ_100+（200）+100_剪（如图7-8所示）。

图7-8

8）由于是在"WQ_150+（200）_剪"墙体类型的基础上进行复制的新类型，所以其"基准限制条件"不变，在墙体的"编辑部件"对话框中，进行构造层的设置，此类型墙内外都加有保温层80厚，内外都做20厚贴砖处理，内外层都处于包络的状态（如图7-9所示）。

9）使用上述方法，在新的墙体"WQ_100+（200）+100_剪"的基础上，单击"类型属性"对话框中的"复制"命令，在弹出的对话框中输入新墙体类型的名称："WQ_20+（200）+20_剪"（如图7-10所示）。

10）在墙体的"编辑部件"对话框中，进行构造层的设置，此类型墙体只有结构层加内外贴20厚的面砖，内外层都处于包络的状态（如图7-11所示）。

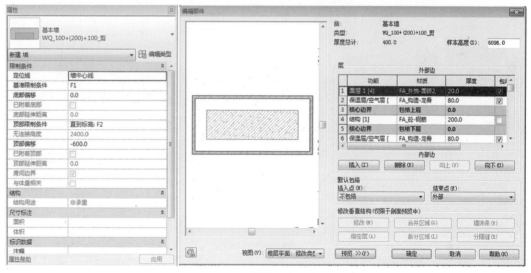

图7-9

11）替换墙体类型。

用以上两种新建墙体分别替换以下位置F1、F4原有墙体，方法打开F1楼层平面，选择原有墙体，在"修改 墙"上下文选项卡 >"属性"面板 > 墙体类型选择器中选择新建的墙体进行更换（具体可参照此节对应项目文件）（如图7-12所示）。

12）新建楼板类型。

使用新建墙体类型的方法，复制一个名称为"YT-80+（150）+50"楼板，设置其限制条件"相对标高"为−150，单击"编辑类型"，打开"类型属性"对话框，单击"结

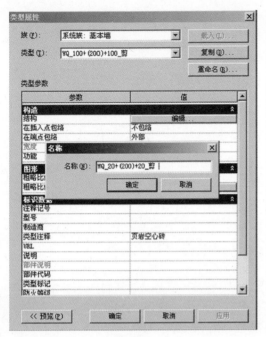

图 7-10

构"后的"编辑"按钮,在"编辑部件"对话框中点击"插入",插入三个新层,通过"向上"、"向下"命令调整层的顺序(如图7-13所示)。

13)将1层"功能"修改为"保温层/空气层";单击"材质"列值"按类别",打开"材质"对话框,选择"FA_砼-细石砼"如图7-14所示,单击"确定";设置"厚度"值为50,勾选包络状态。

14)同理,将2层和6层"功能"修改为"衬底[2]","材质"为FA_保温-挤塑聚苯,"厚度"修改为30,将7层"功能"修改为"保温层/空气层[3]","材质"FA_外饰-涂料,"厚度"修改为20(如图7-15所示)。

15)在首层选择模型组"户型A",单击"修改 模型组"选项卡 >"成组"面板下

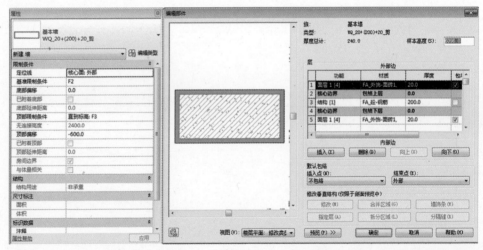

图 7-11

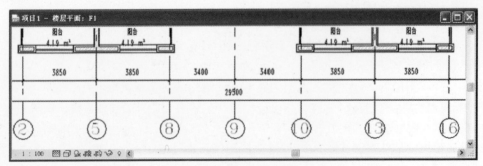

图 7-12

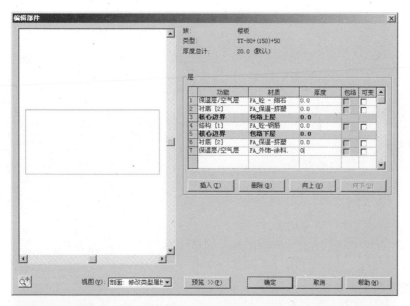

图 7—13

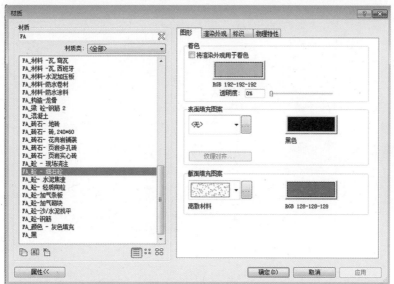

图 7—14

图 7—15

"编辑组"命令，选择本组中的生活楼板（如图7-16所示）。

16）打开"类型属性"，在"类型属性"对话框中单击"重命名"将原有楼板"SH-150"更名为"SH-100+（150）"，在单击结构后的"编辑"按钮，在打开的"编辑部件"对话框中添加一构造层，将1层"功能"修改为"面层1[4]"，"材质"为FA_砼-细石砼，"厚度"修改为100（如图7-17所示）。

同样的方法修改卫生间位置楼板，在"类型属性"对话框中将"FW-150"重命名为"FW-80+（150）"，在"属性"中设置相对标高为"-20"，在"编辑部件"对话框中，添加一构造层，将1层"功能"修改为"面层1[4]"，"材质"为FA_砼-细石砼"厚度"修改为80（如图7-18所示）。

使用鼠标拖拽的方式框选阳台附近的构件，使用"过滤选择器"将阳台楼板选出，在类型选择器中将其修改为新建的楼板类型"YT-80+（150）+50"，并在此楼板的"属性"中设置相对标高为"-20"，确定修改完成，

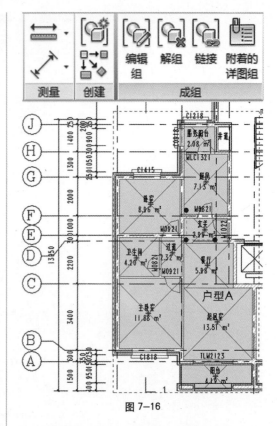

图7-16

在"常规"选项卡 > "编辑组"面板下单击"完成"，结束组编辑。

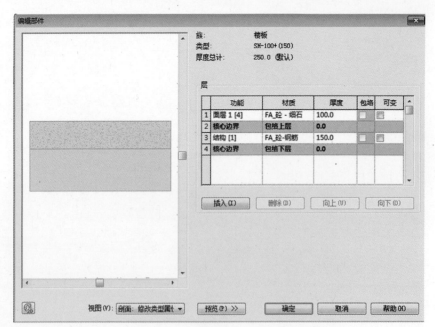

图7-17

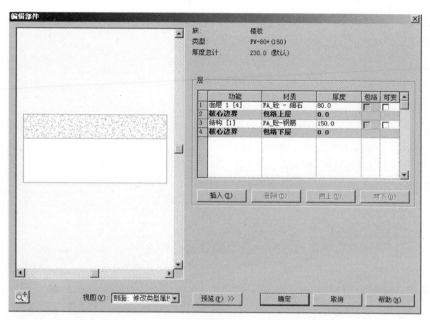

图 7-18

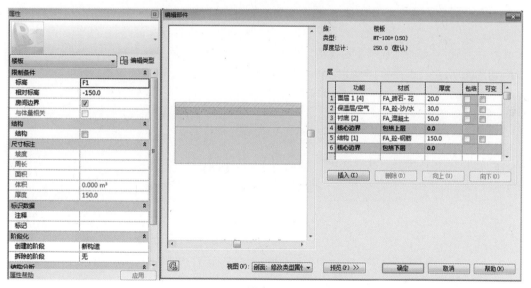

图 7-19

17）使用上述方法新建楼板"MT-100+（150）"。

首先在任意类型楼板上复制新的类型，命名为"MT-100+（150）"在"属性"对话框中，设置其限制条件"相对标高"为-150，单击"编辑类型"，打开"类型属性"对话框，单击"结构"后的"编辑"按钮，在"编辑部件"对话框中单击"插入"，

插入三个新层，通过"向上"、"向下"命令调整层的顺序，并一一设置其功能层、材质及厚度（如图7-19所示）。

18）编辑模型组"入口"：替换图示位置楼板，单击"编辑组"在"入口"组中选择需要替换的楼板，在类型选择器中选择新楼板"MT-100+（150）"进行替换（如图7-20所示）。

此楼板的构造层设置如下：

将 1 层 "功能" 修改为 "面层 1 [4]"，"材质" 为 FA_ 砖石 – 花岗岩，铺装 "厚度" 修改为 20，将 2 层 "功能" 修改为 "保温层 / 空气层 [3]"，"材质" FA_ 砼 – 沙 / 水泥找平，"厚度" 修改为 30，将 3 层 "功能" 修改为 "衬底 [2]"，"材质" FA_ 混凝土，"厚度" 修改为 50（如图 7–21 所示）。

同上所述：修改室外平台位置楼板 "100+200" 为 "SW–80+（200）"，在 "属性" 对话框中设置相对标高为 "–20"，在 "编辑部件" 对话框中设置其构造层，将 1 层 "功能" 修改为 "面层 1 [4]"，"材质" 为 FA_ 砼 – 细石砼，"厚度" 修改为 80（如图 7–22 所示）。

同上所述：使用相同方法修改坡道 "属性" 中，顶部偏移为 "–20"（如图 7–23 所示）。

同上所述：打开 F3 楼层平面视图，选择门厅顶部屋顶，将其修改为 "WD_150+120"，

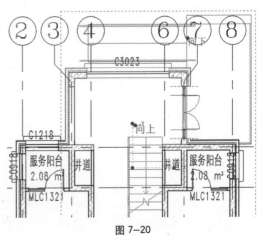

图 7–20

设置其 "基准标高偏移值" 380，其构造层设置如图 7–24 所示，确定以上操作无误后，单击 "完成" 按钮结束组编辑。

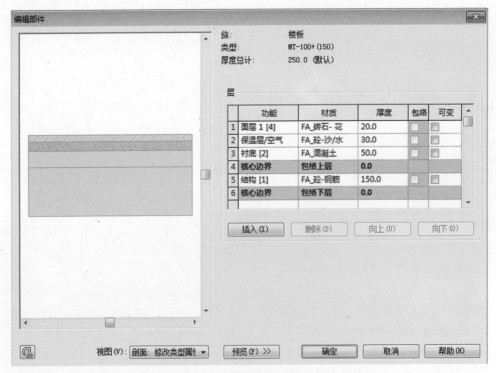

图 7–21

第三部分 施工图阶段

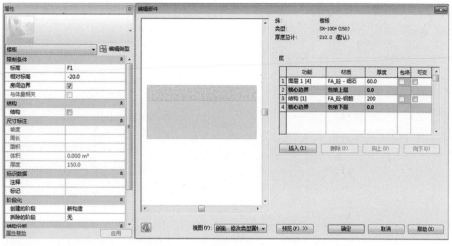

图 7-22

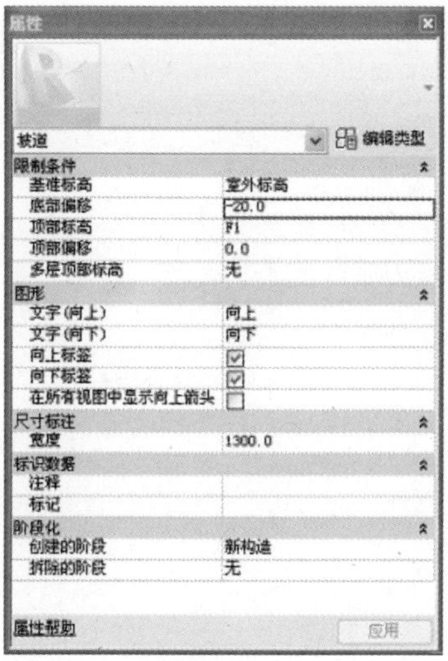

图 7-23

图 7-24

19）进入 F11 视图，修改图示位置的楼板为 JT-50+（150），在"属性"中设置其相对高度为：100，"编辑部件"对话框中设置其构造层（如图 7-25 所示）。

同上所述：修改连廊位置的楼板为新建类型"LL-200+（150）"，在"属性"中设置其相对高度为：-150，"编辑部件"对话框中设置其构造层（如图 7-26 所示）。

20）进入屋顶平面，单击坡屋顶"WD_170+150"，在其"编辑部件"对话框中设置其构造层（如图 7-27 所示）。

21）完成平面图中各墙体构造层设置后，修补 F1 平面视图尺寸并添加第三道尺

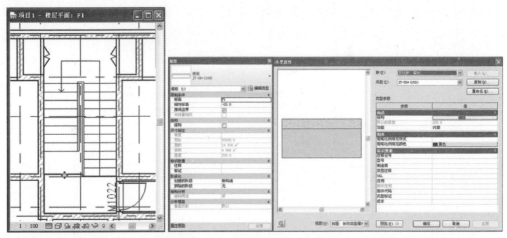

图 7—25

图 7—26

图 7—27

寸，拖拽轴网标头到合适位置（如图7–28所示）。

22）使用文字工具添加户型名称（需新建文字类型"5mm 华文细黑"）。

23）完成后保存文件，本节完成后的文件参见光盘中"第7章 施工图深化设计"文件夹中的文件"20_构造设置.rvt"。

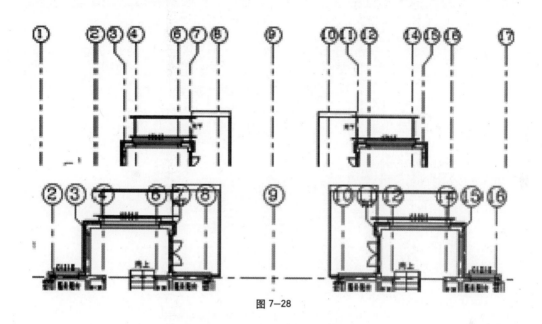

图7–28

7.2 平面深化

1）接上章练习，打开光盘中"第7章 施工图深化设计"文件夹中提供的文件"20_构造设置.rvt"。

2）编辑模型组"入口"，修改幕墙属性中注释为"MQ1"完成。

3）点击上下文选项卡"注释">"标记"面板>"多类别"工具，使用多类别注释"FA_多类别_注释：多类别_注释"为幕墙添加编号，注意放置时选择垂直（如图7–29所示）。

4）选择图中轴线尺寸，点击编辑尺寸界限，对其进行修补，单击"注释"选项卡>"尺寸标注"面板>"对齐"工具，在图

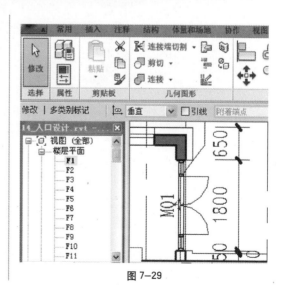

图7–29

示位置添加第三道洞口尺寸和控制尺寸标注（如图 7-30 所示）。

5）单击"注释"选项卡 > "文字"面板 > "文字"命令,创建新的文字类型"5mm

华文细黑",在"类型属性"对话框中设置其相应属性,在图示位置放置,并修改其内容（如图 7-31 所示）。

6）单击"注释"选项卡 > "尺寸标注"

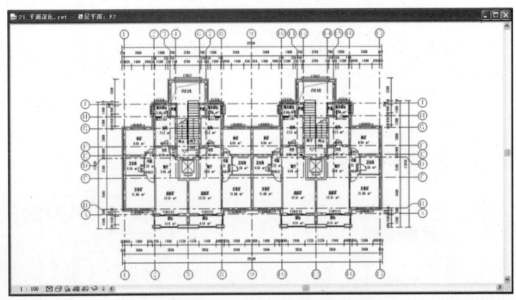

图 7-30

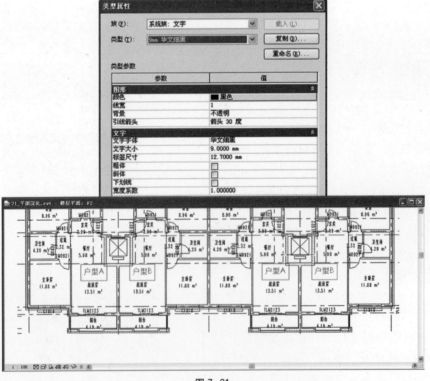

图 7-31

面板>"高程点"工具,使用"MC_高程.平面"标注图示4个位置的高程,单击鼠标在适当位置放置标高符号,鼠标向上或者向下完成放置。注意选择任意高程单击"属性"按钮,在"属性"对话框中,为0.000高程添加"单一值/上偏差前缀"为"±"(如图7-32所示)。

7)因为室外地坪无可参照的图元放置高程点,所以选择使用符号中的"FA_符号_高程:高程点_平面"来进行相应的标注,单击"注释"选项卡>"符号"面板>"符号"工具,在图示位置上放置,并单击文字处修改内容为"-0.300"(如图7-33所示)。

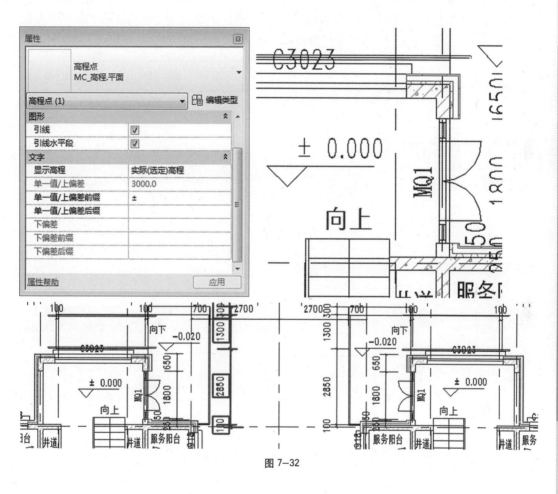

图 7-32

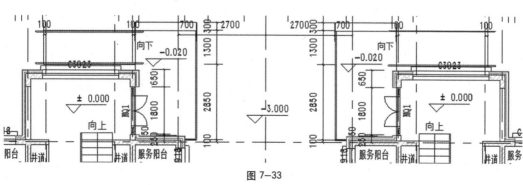

图 7-33

8）修改 F1 视图中截面线样式为如图设置，在 F1 视图中单击鼠标右键，"视图属性"命令，在打开的"属性"对话框中，单击"可见性／图形替换"后的"编辑"按钮，打开"楼层平面 1 的可见性／图形替换"对话框，单击"截面线样式"后的"编辑"按钮，在打开的"主体层线样式"对话框中做相应设置（如图 7-34 所示）。在"可见性／图形替换"对话框中，单击关闭"房间边界"和"立面符号"的显示，然后单击"视图"选项卡 >"图形"面板 >"视图样板"下拉菜单，选择"从当前视图创建样板"工具，在"新样板视图"对话框中输入名称"SG_ 平面视图 _100"（如图 7-35 所示）。

9）单击"项目浏览器"在 F2 上右键单击选择"应用视图样板"在打开的"应用视图样板"对话框中，选择样板"SG_ 平面视图 _100"，单击确定退出（如图 7-36 所示）。

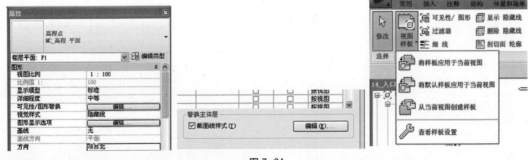

图 7-34

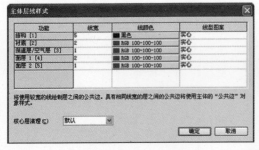

图 7-35

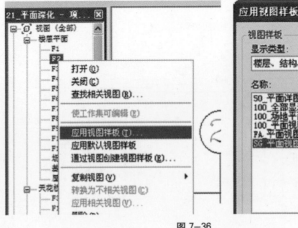

图 7-36

10）执行 F1 视图中类似操作，添加尺寸标注和户型名称并添加高程（如图 7-37 所示）。

11）调整北侧轴线标头位置，北立面选择任意轴网，单击"类型属性"，在打开的"类型属性"对话框中设置"非平面视图轴号（默认）"状态，为"底"，只留起点和终点轴号其他轴号框选进行隐藏处理（如图 7-38 所示）。

12）在门厅位置添加符号及文字。

打开 F2 平面视图，单击"注释"选项卡 >"详图"面板上"详图线"命令，在类型选择器中选择"01_实线_灰"线型，在门厅位置添加上空符号，使用"文字"命令添加文字说明（如图 7-39 所示）。

13）为模型组附着详图组。

选择所有模型组"户型 A"，单击"修改 模型组"上下文选项卡 >"成组"面板下

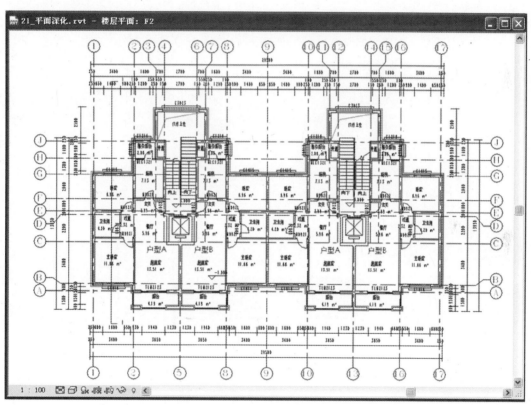

图 7-37

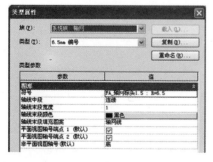

图 7-38

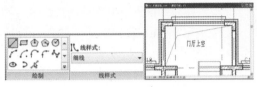

图 7-39

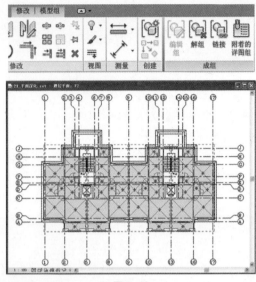

"附着详图组"命令（如图 7-40 所示），在弹出的"附着的详图组放置"对话框中选择"楼层平面 –X– 户型 –A"详图组，单击确定，完成（如图 7-41 所示）。

14）完成后保存文件，本节完成后的文件参见光盘中"第 7 章施工图深化设计"文件夹中的文件"21_ 平面深化 .rvt"文件。

图 7-40

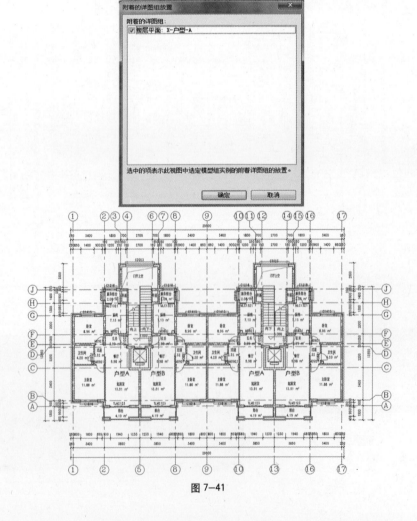

图 7-41

7.3 立面、剖面深化

1）接上章练习，打开光盘中 "第 7 章施工图深化设计"文件夹中提供的文件 "21_平面深化 .rvt"文件。

2）进入北立面，在视图控制栏中修改视图显示方式为 "隐藏线"，详细程度为 "精细"。

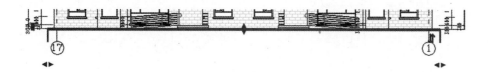

图 7-42

盖住未被裁剪的基础墙体(如图 7-42 所示)。

4）进入屋顶平面，单击 "视图"选项卡 > "创建"面板下 "剖面"命令绘制两道剖面，如图 7-43 所示屋脊位置，创建完成，双击蓝色剖面名称显示位置，分别打开两个剖面视图，设置其视图详细程度为 "精细"，在图示的结构顶端绘制水平参照平面，完成后删除两道剖面（如图 7-43 所示）。

5）新建高程点标注：

北立面视图，单击 "注释"选项卡 > "尺

3）打开裁剪区域，拖拽边界到合适位置，单击 "插入"选项卡 > "从库中载入"面板下 "载入族"命令，打开光盘中 "第 7 章施工图深化设计"\"案例所需文件"中的 "FA_立面底线"详图构件，在详图构件中选择新载入的族，放置于立面室外标高位置，遮

寸标注"面板下 "高程点"命令，单击 "类型属性"按钮，在 "类型属性"对话框中，使用 "复制"的命令，创建新的类型 "MC_高程_立面_结构"，设置其类型属性中符号为 "FA_高程_结构：高程点_立面"添

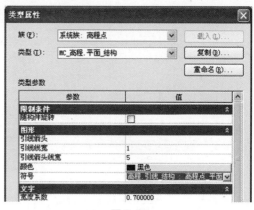

图 7-44

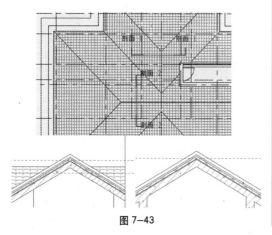

图 7-43

> 📖 **注意**
>
> 主要为三层线角位置和屋顶，屋顶标高在工程中一般通过结构标高来控制。

第 7 章 施工图深化设计

加高程点（如图 7-44 所示）。

6）调整原有尺寸的顶部参照图元为参照平面，添加细部尺寸，如两种不同类型窗的标注、屋顶栏杆的标注还有部分需要标注

图 7-45

高程的位置屋顶、阳台顶等（如图 7-45 所示）。

7）隐藏剖面符号和参照平面

8）通过全部标记放置窗标记，单击"注

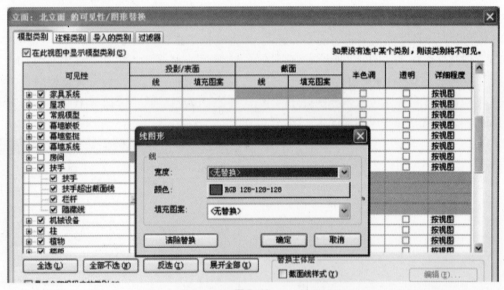

图 7-46

释"选项卡 > "标记"面板下"全部标记"命令，在打开的"标记所有未标记的对象"对话框中选择"窗标记 FA_标记_窗：窗"单击确定，完成所有窗的标记，同时删除服务阳台东西侧窗户的标记（如图 7-47 所示）。

9）按以下内容修改材质说明：

单击"管理"选项卡 > "设置"面板下"材质"命令，打开材质对话框，设置相应属性，添加说明（图 7-48）。

使用如上方法设置以下材质：

FA_材料－瓦，西班牙 说明：褐色陶瓦

图 7—47

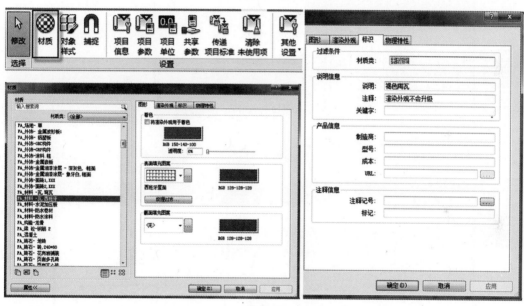

图 7—48

FA_外饰－面砖 1,XXX　说明：砖红色面砖

FA_外饰－面砖 2,XXX　说明：灰色石材

FA_外饰－金属油漆涂层－象牙白，粗面　　　　　　说明：浅灰色涂料

10）单击"注释"选项卡＞"标记"面板下接箭头"载入标记"命令，在打开的"载入标记"对话框中单击"载入"，载入光盘中"第 7 章 施工图深化设计"\"案例所需文件"中的材质标记"FA_标记_材质.rfa"（如图 7—49 所示）。单击"属性"修改载入

的材质标记勾选"引线"并设置类型属性中引线箭头为"实心点 1.5mm"（如图 7—50 所示）。

11）在北立面中标记材质，从当前视图创建样板"SG_立面视图_100"，完成后（如图 7—51 所示）。

12）其他立面处理同上所述（说明其他立面操作步骤类似，就不再重复讲解）。

13）进入剖面"1"，单击"修改"选项卡＞"几何图形"面板下"连接"命令，选择"叠层墙：WQ_剪_X6400"、"楼板：SH-100+（150）"进行连接，修剪 F1 标高处的楼板与

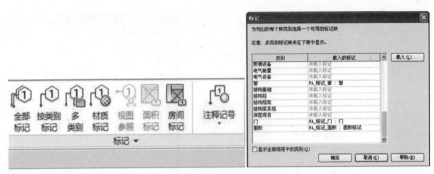

图 7-49

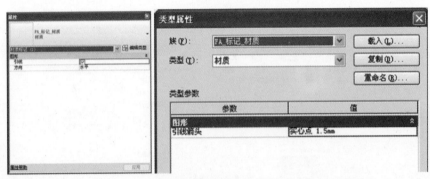

图 7-50

图 7-51

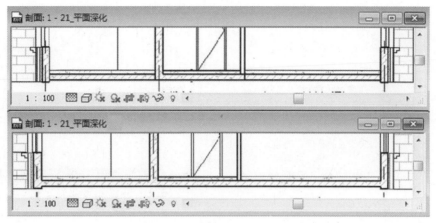

图 7-52

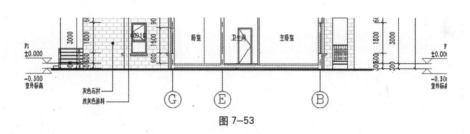

图 7-53

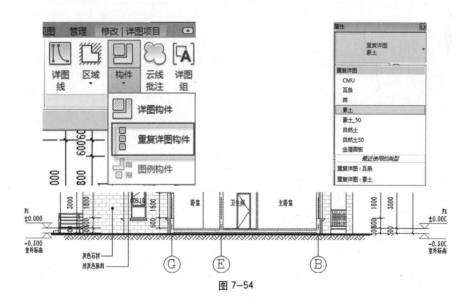

图 7-54

墙体的交接，连接后效果（图 7-52）。

14）打开裁剪区域，拖拽边界到合适位置，单击"注释"选项卡 > "详图"面板 > "详图构件"命令，选择"FA_立面底线"

族，放置于立面室外标高下，调整其位置（图7-53）。

单击"详图"面板 > "详图构件"下拉箭头"重复详图构件"命令，在类型选择器

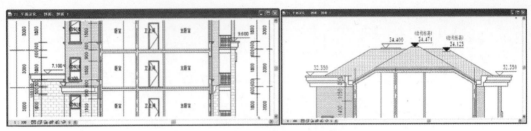

图 7-55

中选择"素土",使用绘制方式直接绘制素土（图 7-54）。

15）添加高程点。

单击"注释"选项卡 > "尺寸标注"面板 > "高程点"工具，"高程点: MC_ 高程 . 立

> **注意**
>
> 　　屋顶标高在工程中一般通过结构标高来控制。

面"在三层线角位置和屋顶处进行标注（如图 7-55 所示）。

16）调整原有尺寸的顶部参照图元为参照平面，使用"尺寸标注"添加剖面细部尺寸（如图 7-56 所示）。

17）如上所述 隐藏剖面符号和参照平面，在"可见性/图形替换"对话框中设置其扶手

> **注意**
>
> 　　务必为隐藏图元，如隐藏类别，则参照"参照平面"的尺寸及高程将不可见。

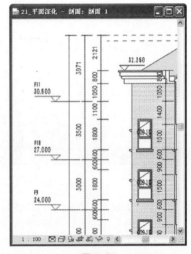

图 7-56

中栏杆的投影线为灰色（如图 7-57 所示）。

18）在左侧服务阳台位置标记可见窗的窗标记，单击"注释"选项卡 > "标记"面板 > "按类别标记"工具，取消选项栏"引线"的勾选，单击放置在左侧可见窗上进行标记（图 7-58）。

19）在剖面图中标记材质，单击"注释"选项卡 > "标记"面板 > "材质标记"工具，标记屋顶、檐口、外墙及二层檐口，注意勾选选项栏"引线"，单击拾取材质的点，拖

图 7-57

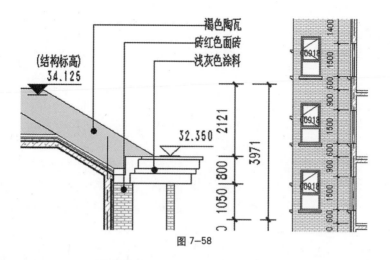

图 7-58

图 7-59

拽放置材质（图 7-59）。

20）如上所述在"可见性/图形替换"对话框中，单击"替换主体层，截面线样式"后的"编辑"按钮，在"主体层线样式"对话框中，设置截面线样式（如图 7-60 所示），并在项目浏览器中右键，从当前视图创建视图样板"SG_ 剖面视图 _100"，完成后（图 7-61）。

21）完成后保存文件，本节完成后的文件参见光盘中"第 7 章 施工图深化设计"文件夹中的文件"22_ 立剖面深化 .rvt"。

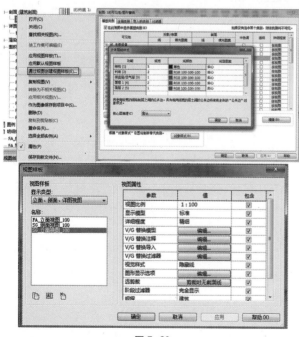

图 7-60

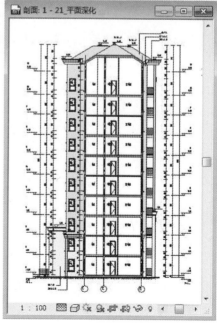

图 7-61

7.4 面积统计

1）接上章练习，打开光盘中的 "第 7 章 施工图深化设计" 文件夹中提供的文件 "22_立剖面深化 .rvt"。

2）点击 "常用" 选项卡 > "房间和面积" 面板 > "面积" 工具，在下拉菜单中点击 "面积平面" 按钮，在弹出的新建面积平面对话框中修改类型为 "总建筑面积"，然后在视图选择框中选择 F1，点击确定完成，当弹出图示对话框时，选择 "否"（如图 7-62 所示）。

3）进入新建的 F1 面积平面，点击 "常用" 选项卡 > "房间和面积" 面板 > "面积" 工具，在下拉菜单中点击 "面积边界线" 按钮，沿外墙外侧边缘线绘制图示闭合轮廓线，因阳台面积在总面积中计算一半，故在阳台位置通过绘制对角线轮廓来实现（如图 7-63 所示）。

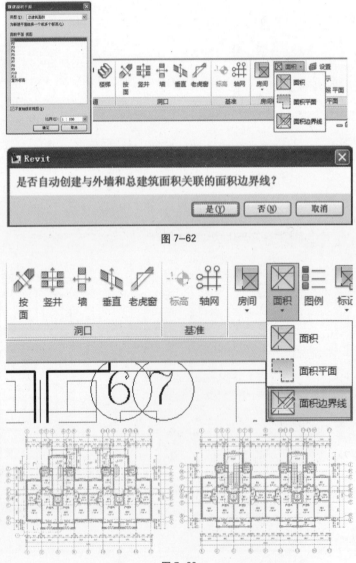

图 7-62

图 7-63

第三部分 施工图阶段

4）点击"常用"选项卡 >"房间和面积"面板 >"面积"工具,在下拉菜单中点击"面积"按钮,在面积边界线内进行放置（如图7-64所示）。

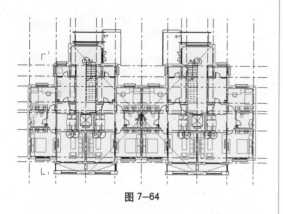

图 7-64

5）重复以上操作,完成 F2~F10 面积平面的绘制,其中,F4~F10 面积边界线完全相同,可通过复制命令快速完成绘制。

6）在绘制 F2 面积平面时,需排除入口门厅上空面积（如图 7-65 所示）。

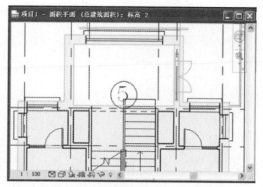

图 7-65

7）点击"视图"选项卡 >"创建"面板 >"明细表"工具,在下拉菜单中点击"明细表 / 数量"按钮,在弹出的新建明细表对话框中选择"面积（总建筑面积）",输入"建筑面积明细表"作为明细表名称,点击"确定"进入明细表定制界面（如图7-66 所示）。

8）在字段面板中,顺次添加"标高"、"面积"、"合计"作为明细表的字段内容（如图7-67 所示）。

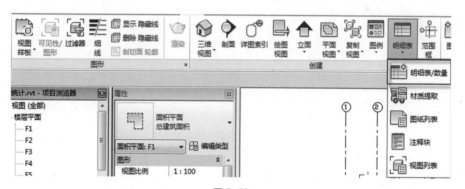

图 7-66

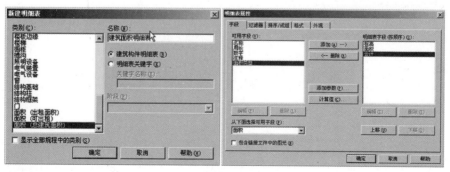

图 7-67

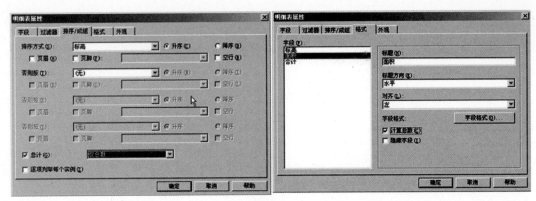

图 7-68

9) 在排序／成组面板中, 以标高作为明细表的排序方式, 勾选总计, 并选择"仅总数"作为总计内容 (如图 7-68 所示)。

10) 在格式面板中, 分别选择"面积"及"合计"字段, 勾选"计算总数"选项, 完成后, 点击"确定"完成明细表定制, 完成后明细表 (如图 7-69 所示)。

11) 完成后保存文件, 本节完成后的文件参见光盘中"第 7 章 施工图深化设计"文件夹中的文件"23_面积统计.rvt"。

建筑面积明细表		
标高	面积	合计
F1	363.85 m²	1
F2	345.91 m²	1
F3	334.70 m²	1
F4	334.05 m²	1
F5	334.05 m²	1
F6	334.05 m²	1
F7	334.05 m²	1
F8	334.05 m²	1
F9	334.05 m²	1
F10	334.05 m²	1
	3382.84 m²	10

图 7-69

第三部分　施工图阶段

第8章 施工图详图与大样设计

8.1 户型详图设计

1）接上章练习，打开光盘中"第7章施工图深化设计"文件夹中提供的文件"23_面积统计.rvt"。

2）进入平面视图F1，点击"视图"选项卡＞"详图索引"工具，在类型选择器中选择"楼层平面：楼层平面"并修改其类型属性中"详图索引标记"为"R3mm"，"参照标签"为空（如图8-1所示），完成设置后，在图示位置框选生成"详图索引F1"平面（图8-2）。

3）在项目浏览器中，鼠标右键单击新生成的"详图索引F1"平面，在弹出菜单中选择"重命名"，输入"户型A平面详图"，点击"确定"，完成修改（图8-3）。

4）进入"户型A平面详图"平面视图，

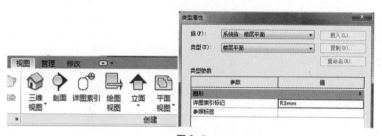

图 8-1

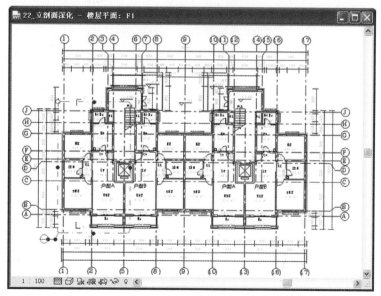

图 8-2

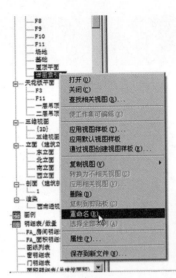

图 8-3

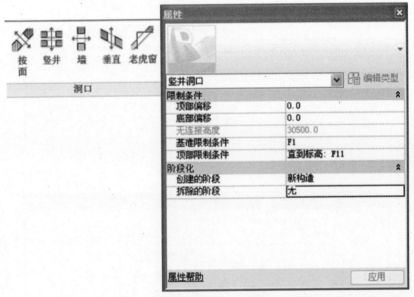

图 8-4

在视图中恢复家具构件的可见性，"常用选项卡" > "视图"面板 > "可见性 / 图形"工具，在弹出的"可见性 / 图形替换"对话框恢复"家具"、"卫浴装置"、"电器装置"、"橱柜"和"线 >01_ 实线 _ 灰"的可见。点击"常用"选项卡 > "洞口"面板 > "竖井洞口"工具，进入洞口轮廓的绘制界面。点击"竖井洞口属性"，修改其基准限制条件为"F1"，顶部限制条件为"直到标高: F11"，点击"确定"完成属性设置（图 8-4 ）。

5）使用边界线，在图示位置绘制矩形轮廓，点击"完成洞口"结束竖井洞口绘制。重复上部操作，完成图示卫生间排气道的绘制（如图 8-5 所示）。

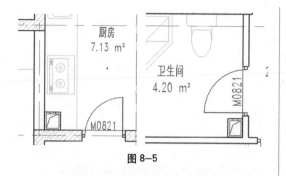

图 8-5

6）进入平面视图 F1，将绘制完成的两个排气道（即竖井洞口）复制到其余四个户型相应位置，（如图 8-6 所示）。

7）选择模型组"户型 –A"，点击上下文选项卡中的"附着的详图组"按钮，在弹出对话框中勾选"楼层平面：X– 户型 –A"，点击"确定"进行放置；选择模型组"交通核"，执行相同操作，完成详图组"X– 交通核"的放置（如图 8-7 所示）。

8）点击"修改"选项卡 >"属性"按钮，设置详细程度为"精细"，并编辑"视图范围"中"底"和"标高"的偏移量为"–20"，点击"确定"完成设置（如图 8-8 所示）。

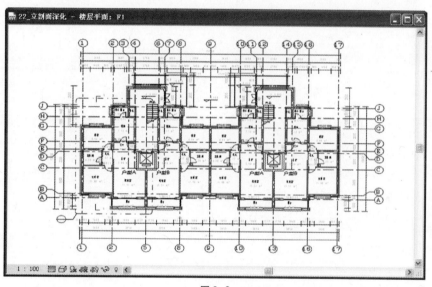

图 8-6

图 8-7

图 8-8

📖 **注意**

此步骤的操作是因为在放置常规符号线绘制成的构件的时候,构件会自动捕捉相关楼板作为放置主体,而卫生间等楼板上皮标高设置为"-20",所以需设置视图深度为"-20",才能保证构件在当前视图中可见。

图 8-9

9)点击"视图"选项卡 >"视图样板"下方的三角按钮,在下拉菜单中单击"查看样板设置"按钮,打开"视图样板"设置面板。选择"SG_平面视图_100",单击其"V/G替换模型",在打开的模型类别可见性/图元替换面板中,取消勾选"卫浴装置"、"家具"及"电气装置"的可见性复选框。点击"确定"完成设置(如图 8-9 所示)。

10)点击"视图"选项卡 >"视图样板"下方的三角按钮,在下拉菜单中单击"将样板应用到当前视图"按钮,选择"SG_平面视图_100",点击"确定"完成视图样板的应用(如图 8-10 所示)。

11)回到平面视图"户型 A 平面详图",

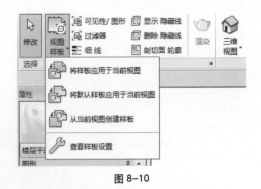

图 8-10

点击 "注释"选项卡 >"符号"按钮,在类型选择器中选择"FA_符号_详图索引:图籍索引",点击"属性",设置其类型属性中引线箭头为"圆点0.75mm",点击"确定"完成定制(如图8-11所示)。

12)在符号命令激活的情况下,将图籍索引符号放置于厨房排烟道的一侧,点击上文选项卡 >"添加"按钮,为其添加引线,并拖拽引线端点到排气道位置,双击图籍符号"?"标志,输入相关内容(如图8-12所示)。

图 8-11

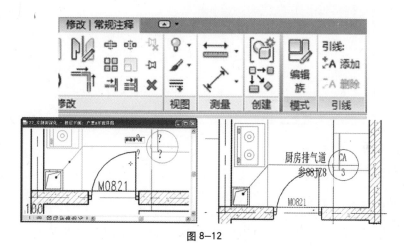

图 8-12

13)同样操作,为卫生间排气道添加图籍索引符号(如图8-13所示)。

14)按图示内容在当前视图中,添加尺寸标注、剖断线等,并在"2D"模式下修整轴网标头位置(如图8-14所示)。

📖 注意

可通过裁剪区域的调整,将轴网标头置于裁剪区域外,轴网标头便会自动转变为"2D"模式。

15)完成后保存文件,本节完成后的文件参见光盘中"第8章 施工图详图与大样设计"文件夹中的文件"24_户型详图设计.rvt"。

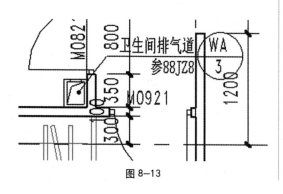

图 8-13

第8章 施工图详图与大样设计

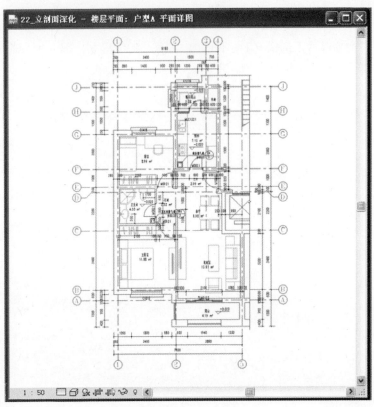

图 8-14

8.2 外檐节点大样设计

1）接上章练习，打开光盘中"第8章 施工图详图与大样设计"文件夹中提供的文件"24_户型详图设计.rvt"。

2）进入剖面图"1"，点击"视图"选项卡 > "详图索引"，点击"类型属性"，按图示内容修改其类型属性，点击确定完成设置，在图示位置索引详图（如图8-15所示）。

3）进入详图视图"详图0"，点击"修改"选项卡 > "属性"，按图示内容修改其实例属性，点击确定完成设置（如图8-16所示）。

4）点击"插入"选项卡 > "载入族"，打开配套光盘中"第8章 施工图详图与大样设计"\"案例所需文件"，选择族文件（X_钉.rfa、X_螺丝.rfa、X_木挂瓦条.rfa），单击"打开"载入族文件（如图8-17所示）。

5）点击"注释"选项卡 > "详图"面板 > "构件"工具下方的三角按钮，在下拉菜单中单击"重复详图"按钮，点击"类型属性"按钮，复制/新建类型"瓦条"，按图示内容设置其类型属性，点击"确定"完成设置，按图示内容进行绘制（如图8-18所示）。

6）点击"注释"选项卡 > "详图"面板 > "区域"下拉按钮 > "遮罩区域"，按图示内容使用"02_实线_黑"绘制矩形轮廓，点击"完成区域"结束绘制（如图8-19所示）。

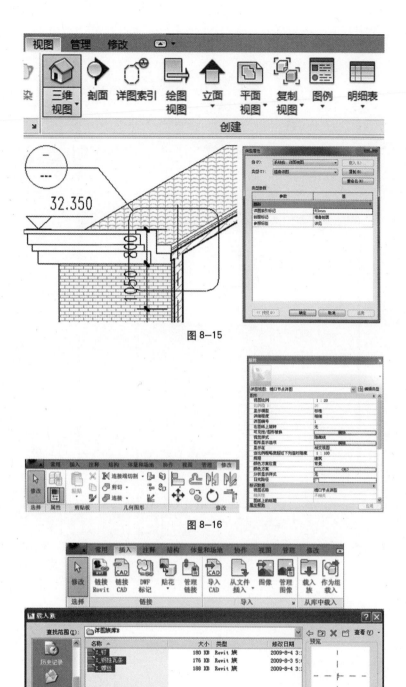

图 8-15

图 8-16

图 8-17

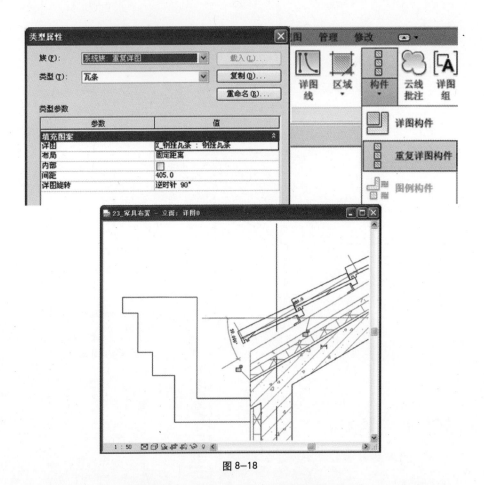

图 8—18

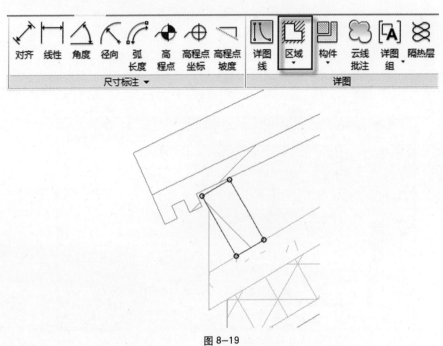

图 8—19

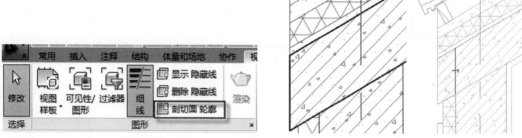

图 8-20

7）点击"视图"选项卡 > "图形"面板 > "剖切面轮廓"工具，选择图示结构层，进入编辑界面，绘制图示直线（注意蓝色箭头需指向要保留的一侧），点击"完成剖切面轮廓"结束编辑（如图 8-20 所示）。

8）重复以上操作，分别对屋顶找平层、保温层进行剖切面轮廓编辑，完成后如图 8-21 所示。

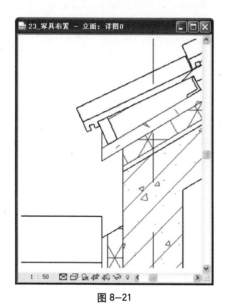

图 8-21

9）点击"注释"选项卡 > "详图"面板 > "区域"下拉按钮 > "填充区域"工具，其中按图示内容绘制闭合轮廓，打开"类型属性"将"填充样式"替换为"砼"，点击"完成区域"结束绘制（如图 8-22 所示）。

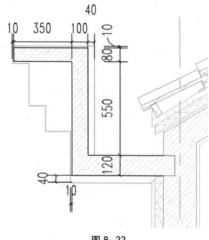

图 8-22

10）点击"注释"选项卡 > "区域"面板 > "填充区域"工具，其中按图示内容绘制闭合轮廓，打开"类型属性"将"填充样式"替换为"轻质混凝土"，点击"完成区域"结束绘制（如图 8-23 所示）。

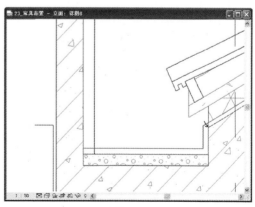

图 8-23

11）点击"视图"选项卡 >"剖切面轮廓"按钮，选择屋顶找平层，进入编辑界面，绘制图示内容，点击"完成剖切面轮廓"结束编辑（如图 8-24 所示）。

12）执行以上相同操作，按图示内容对其他构造层进行编辑（如图 8-25 所示）。

13）点击"注释"选项卡 >"区域"面板 >"填充区域"工具，按图示内容绘制闭合轮廓，打开"类型属性"将"填充样式"替换为"苯板"，点击"完成区域"结束绘制（如图 8-26 所示）。

14）点击"注释"选项卡 >"详图线"工具，在类型选择器中选择"03_虚线_蓝"，

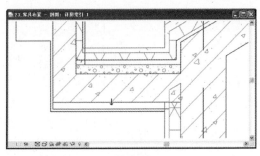

图 8-24

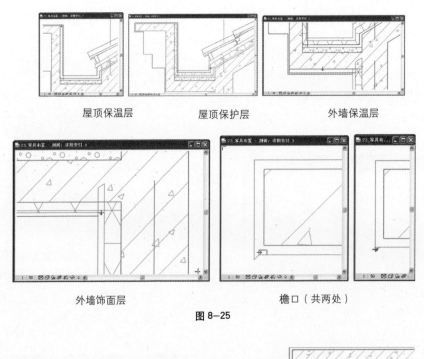

屋顶保温层　　　　　屋顶保护层　　　　　外墙保温层

外墙饰面层　　　　　　　　檐口（共两处）

图 8-25

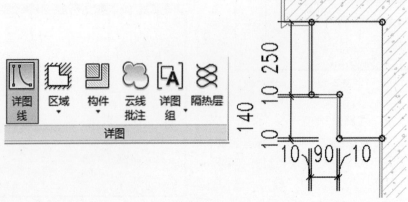

图 8-26

在图示大致位置绘制防水层示意（如图 8-27 所示）。

15）点击"注释"选项卡 > "构件"下方的三角按钮，在下拉菜单中单击"详图构件"按钮，在类型选择器中选择"X_螺丝：螺丝"，在图示位置放置，并拖拽端部控制柄，调整其长度到合适尺寸（如图 8-28 所示）。

16）执行相同操作，在类型选择器中选

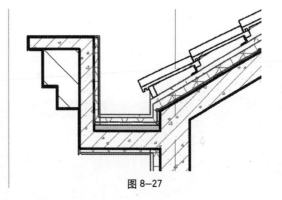

图 8-27

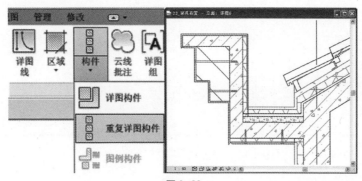

图 8-28

择"X_钉：钉"，在图示放水收头位置放置，并拖拽端部控制柄，调整其长度到合适尺寸（如图 8-29 所示）。

17）点击"注释"选项卡 > "符号"面板下"符号"命令，在类型选择器中选择"FA_符号_详图索引：图籍索引"，将图籍索引

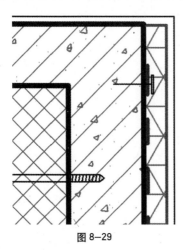

图 8-29

符号放置于屋顶附近，点击上下文选项卡 > "添加"按钮，为其添加引线，并拖拽引线端点到屋顶位置，输入相关内容（如图 8-30 所示）。

18）点击"注释"选项卡 > "文字"按钮，在类型选择器中选择"3.5mm 宋_无箭头"，并设置文字的对齐方式和引线形式，在视图上方放置文字后输入相关内容（如图 8-31 所示）。

19）选择文字 在上下文选项卡中点击阵列，取消勾选"成组并关联"的复选框，设置项目数为 9，移动到"第二个"，在视图中向上偏移 100mm 进行放置，然后按图示内容输入构造做法（如图 8-32 所示）。

20）点击"修改"选项卡 > "视图"面板 > "线处理"工具，在类型选择器中选择"不可见线"，然后单击图示位置的直线，完成线处理（如图 8-33、图 8-34 所示）。

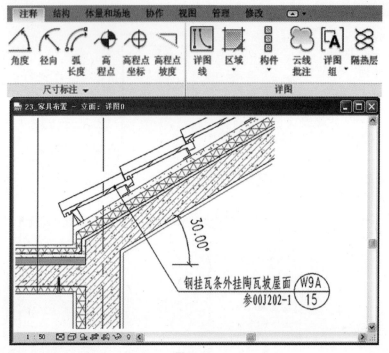

图 8-30

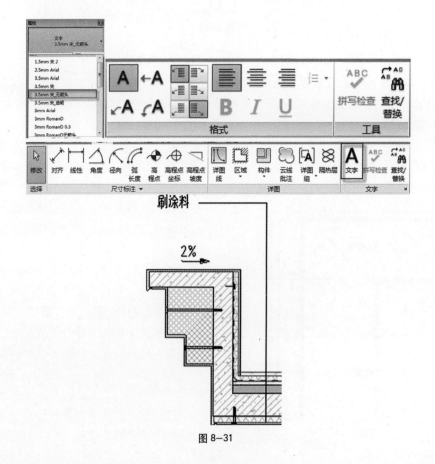

图 8-31

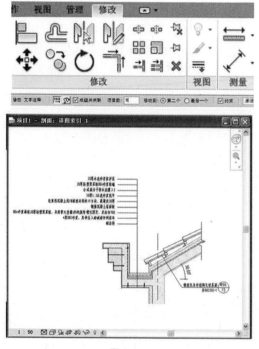

图 8-32

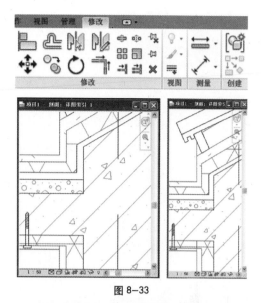

图 8-33

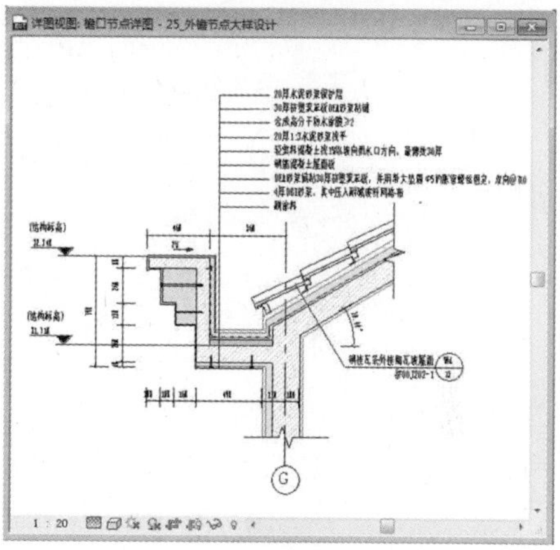

21）为图元添加尺寸标注、角度标注、高程点、剖断线及排水符号等，完成后效果如图 8-32 所示。

22）完成后保存文件，本节完成后的文件参见光盘中的"第 8 章 施工图详图与大样设计"文件夹中的文件"25_ 外檐节点大样设计 .rvt"。

图 8-34

8.3 门窗大样设计

1）接上章练习，打开光盘中"第 8 章 施工图详图与大样设计"文件夹中提供的文件"25_ 外檐节点大样设计 .rvt"。

2）单击"视图"选项卡 >"创建"面板 >"图例"工具，弹出"新图例视图"对话框，命名为"门窗大样"（如图 8-35 所示）。

图 8-35

3）点击"注释"选项卡 >"详图"面板 >"构件"下拉菜单"图例构件"工具（如图 8-36 所示）。

4）在"族"下拉菜单中找到自己所需的族，同时调整"视图"改变其显示样式（如图 8-37 所示）。

5）完成后保存文件，本节完成后的文件参见光盘中的"第 8 章 施工图详图与大样设计"文件夹中的文件"26_门窗大样设计.rvt"。

图 8-36

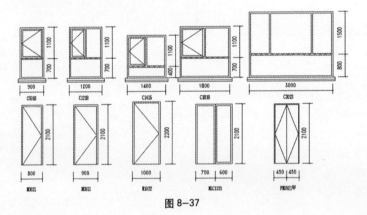

图 8-37

第三部分 施工图阶段

第9章　施工图布局与出图

9.1　创建图纸与设置项目信息

9.1.1　创建图纸

1）接上节练习，或打开光盘中"第8章 施工图详图与大样设计" 文件夹中的文件"26_门窗大样设计.rvt"。点击"视图"选项卡 > "图纸组合"面板 > "图纸"工具，

在"新建图纸"对话框中的"选择标题栏"列表中已有自定义标题栏 A0、A1、A1/2、A1/4 可供选择。选择图签 A1，点击"确定"，完成新建图纸（如图9-1所示）。

2）此时绘图区域打开了一张我们刚刚创建的图纸（如图9-2所示），创建图纸后，

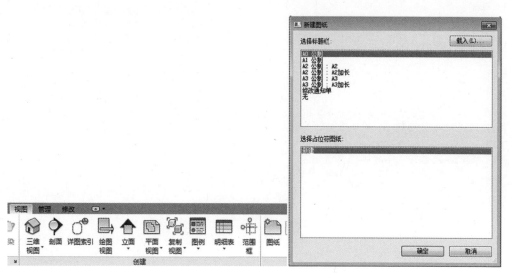

图 9-1

在项目浏览器中"图纸"项下自动增加了图纸"A103- 未命名"。

> 📖 **注意**
>
> 　　在绘图区域选择标题栏，在类型选择器中也会出现"自定义标题栏 A0"、"自定义标题栏 A1"、"自定义标题栏 A1/2"、"自定义标题栏 A1/4"，可随时在类型选择器中时切换图纸大小。本教程已预先定义了其他相关图纸。

图 9-2

9.1.2 设置项目信息

1）在项目浏览器中展开"图纸"项，双击图纸"A-103"，打开图纸。点击"管理"选项卡 >"项目信息"工具，按图示内容录入项目信息，点击"确定"，完成录入（如图 9-3 所示）。

2）设置完成后，单击"确定"。观察图纸标题栏部分，信息会自动更新，（如图 9-4 所示）。

3）双击图示位置"设计人"字样，录入"王某"，相同操作，在制图人位置同样录入"王某"（如图 9-5 所示）。

4）至此完成了图纸的创建和项目信息的设置，保存文件，结果参考"第 9 章 施工图布局与出图"文件夹中的文件"27_ 创建图纸与设置项目信息 .rvt"。

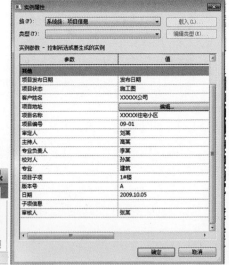

图 9-3

	姓名 NAME	签字 SIGN
审定 APPROVED BY	刘某	
审核 VERIFIED BY	张某	
设计主持人 DESIGN CHIEF	高某	
专业负责人 DISCIPLINE CHIEF	李某	
校对 CHECKED BY	孙某	
设计人 DESIGN BY	设计者	
制图人 DRAWN BY	作者	

图 9-4

	姓名 NAME	签字 SIGN
审定 APPROVED BY	刘某	
审核 VERIFIED BY	张某	
设计主持人 DESIGN CHIEF	高某	
专业负责人 DISCIPLINE CHIEF	李某	
校对 CHECKED BY	孙某	
设计人 DESIGN BY	王某	
制图人 DRAWN BY	XXX	

图 9-5

9.2　图例视图制作

1）创建图例视图：点击"视图"选项卡 >"图例"一侧的三角符号，在下拉菜单中点击"图例"按钮，在弹出的新图例视图对话框中输入名称为"图例"，点击"确定"新建图例视图（如图9-6所示）。

2）选取图例构件：进入新建图例视图，点击"注释"选项卡 >"构件"下方的三角符号，在下拉菜单中点击"图例构件"按钮，按图示内容进行选项栏设置，完成后在视图中放置图例（如图9-7所示）。

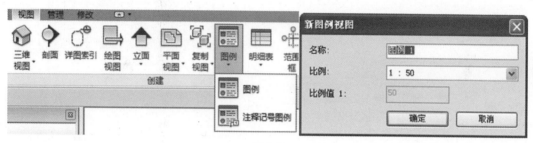

图 9-6

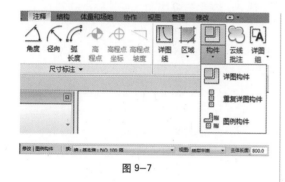

图 9-7

重复以上操作，分别修改选项栏中族为"墙：基本墙：NQ_200_隔"、"墙：基本墙：NQ_200_剪"、"墙：基本墙：WQ_50+

（200）_剪"，在图中进行放置（如图9-8所示）。

3）添加图例注释：使用文字工具，按图示内容为其添加注释说明（如图9-9所示）。

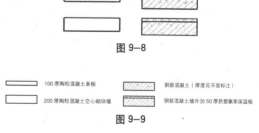

图 9-8

100 厚陶粒混凝土条板　　　　　钢筋混凝土（厚度见平面标注）

200 厚陶粒混凝土空心砌块墙　　钢筋混凝土墙外加 50 厚挤塑聚苯保温板

图 9-9

9.3　布置视图

创建了图纸后，即可在图纸中添加建筑的一个或多个视图，包括楼层平面、场地平面、天花板（顶棚）平面、立面、三维视图、剖面、详图视图、绘图视图、渲染视图及明细表视图等。将视图添加到图纸后还需要对图纸位置、名称等视图标题信息进行设置。

9.3.1 布置视图

在上节内容中我们已经创建了空的图纸，下面我们给图纸布置视图。

1）定义图纸编号和名称：接上节练习，或打开光盘中"第9章 施工图布局与出图"文件夹中的文件"27_创建项目信息与图纸.rvt"，在项目浏览器中展开"图纸"项，右键单击图纸"A-101"，在弹出的选项卡中选择"重命名"按图示内容定义（如图9-10所示）。

图 9-10

2）放置视图：在项目浏览器中分别拖拽楼层平面"F1"、"F2"及图例视图中的"图例"，到建施-101图纸视图。选择图签A1，顺时针旋转90°，移动楼层平面"F1"、"F2"及图例到合适位置。

3）添加图名：选择平面视图F1，点击"图元属性"修改其属性中"图纸上的标题"为"首层平面图"，相同操作，修改平面视图F2属性中"图纸上的标题"为"二层平面图"。拖拽图纸标题到合适位置，并调整标题文字底线到适合标题的长度，完成结果（如图9-11所示）。

> 📖 **注意**
>
> 每张图纸可布置多个视图，但每个视图仅可以放置到一张图纸上。要在项目的多个图纸中添加特定视图，请在项目浏览器中该视图名称上右键，"复制视图"-"复制"，创建视图副本，可将副本布置于不同图纸上。

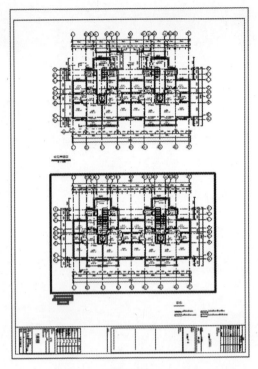

图 9-11

4）改变图纸比例：如需修改视口比例，请在图纸中单击选择F1视图并单击鼠标右键，在快捷菜单中选择"激活视图"。此时图纸标题栏灰显，单击绘图区域左下角视图控制栏第一项"1：100"，弹出比例列表（如图9-12所示）。可选择列表中的任意比例值，也可单击第一项"自定义"，在弹出的"自定义比例"对话框中将"100"设置为新值后单击"确定"按钮（如图9-13所示）（本案例中不需重新设置比例）。比例设置完成后，在视图中单击鼠标右键，在快捷菜单中单击"取消激活视图"完成比例的设置。保存文件。

> 📖 **注意**
>
> 激活视图后，不仅可以重新设置视图比例，且当前视图可以和项目浏览器中"楼层平面"下面的"F1"视图一样可以进行绘制的操作和修改。修改完成后在视图中右键，"取消激活视图"即可。

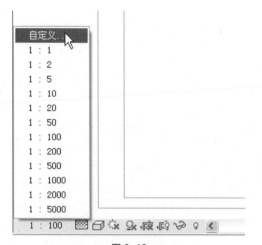

图 9-12

图 9-13

9.3.2 添加多个图纸和视图

在上节创建了一张图纸和一张施工图"建施-101-首层平面图二层平面图",接下来使用同样方法创建其他图纸。

1）同样的方法,从项目浏览器"楼层平面"下,拖拽"F3"、"F4"至图纸中合适位置。调整视图标题位置至视图正下方,重命名图纸名称"A-102-二层平面图"为"建施-102-三层平面图 四层平面图"。

2）同样的方法,从项目浏览器"楼层平面"下,拖拽"F5"、"屋顶平面"至图纸中合适位置。调整视图标题位置至视图正下方,重命名图纸名称"A-103-未命名"为"建施-103-标准层平面图 屋顶平面图"。

3）同样的方法,从项目浏览器"立面（建筑立面）"下,拖拽"南立面"和"西立面"至图纸中合适位置,调整视图标题位置至视图正下方。

4）同样的方法,从项目浏览器"立面（建筑立面）"下,拖拽"北立面"和"东立面"至图纸中合适位置,调整视图标题位置至视图正下方。

5）同样的方法,从项目浏览器"剖面（建筑剖面）"下,拖拽"剖面1"至图纸左上方位置单击放置;拖拽"檐口节点详图"放置于图纸右上方位置单击放置;重命名图纸名称为"1-1剖面图 檐口节点详图"（如图9-14所示）。

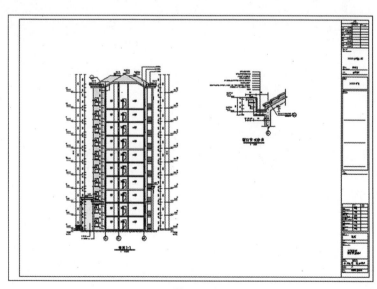

图 9-14

9.3.3 创建门窗表图纸

除图纸视图外，明细表视图、渲染视图、三维视图等也可以直接拖拽到图纸中，下面以门窗表为例简要说明。

1）接上节练习，单击"视图"选项卡 > "图纸组合"面板 > "图纸"命令，在"选择标题栏"对话框中单击选择"图签_A1：A1"，单击"确定：按钮创建 A1 图纸。

2）展开项目浏览器"明细表/数量"项，单击选择"窗明细表"，按住鼠标左键不放，移动光标至图纸中适当位置单击以放置表格视图。

3）单击"门明细表"，按住鼠标左键不放，移动光标至图框适当位置，单击放置。

4）展开项目浏览器"图例"，单击选择"门窗大样"，按住鼠标左键不放，移动光标至图框适当位置，单击放置。

5）放大图纸标题栏，选择标题栏，单击图纸名称"未命名"，输入新的名称"门窗表 门窗大样"按"Enter"键确认（如图 9-15 所示）。`

6）至此完成了所有项目信息设置及施工图图纸的创建与布置，保存文件。完成后的结果请参考光盘"第 9 章 施工图布局与出图"文件夹中的文件"28_布置视图.rvt"。

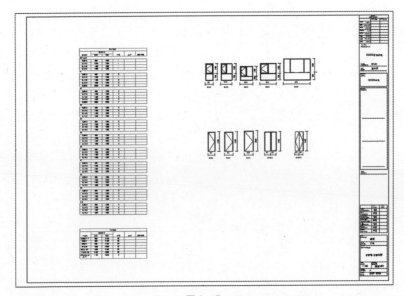

图 9-15

9.4 打印

创建图纸之后，可以直接打印出图。

1）接上节练习，或打开光盘中"第 9 章 施工图布局与出图"文件夹中的文件"28_布置视图.rvt"。

2）单击菜单栏"文件"-"打印"命令，

弹出"打印"对话框（如图 9-16 所示）。

3）单击"打印机"-"名称"后的下拉箭头，选择可用的打印机名称。

4）单击"名称"后的"属性"按钮，打开打印机"文档属性"对话框（如图 9-17

第三部分 施工图阶段

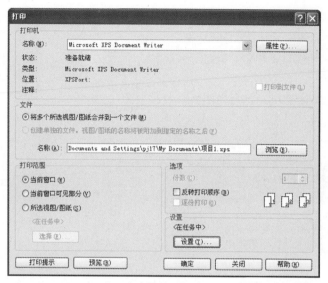

图 9-16

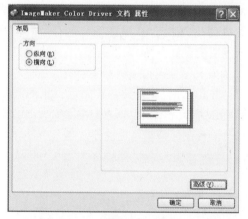

图 9-17

图 9-18

所示）。选择方向"横向"，并单击"高级"按钮，打开高级选项对话（如图 9-18 所示）。

5）单击"纸张规格：Letter"后的下拉箭头，在下拉列表中选择纸张"A2"，单击"确定"按钮，返回"打印"对话框。

6）在"打印范围"中单击选择"所选视图／图纸"项图标，下面的"选择"按钮由灰色变为可选项。单击"选择"按钮，打开"视图／图纸集"对话框（如图 9-19 所示）。

7）勾选对话框底部的"显示"项下面

图 9-19

的"图纸"，取消勾选"视图"，对话框中将只显示所有图纸。单击右边按钮"选择全部"自动勾选所有施工图图纸，单击"确定"回到"打印"对话框。

8）单击"确定"，即可自动打印图纸。

📖 注意

Revit 打印机、绘图仪驱动在 Windows 的"设备和打印"中添加；添加完毕后在图 9-16 界面下将可选择相应的打印设备。

9.5 导出DWG与导出设置

Revit Architecture 所有的平、立、剖面、三维视图及图纸等都可以导出为 DWG 等 CAD 格式图形，而且导出后的图层、线型、颜色等可以根据需要在 Revit Architecture 中自行设置。

1）打开光盘中"第 9 章 施工图布局与出图"文件夹中的文件"28_布置视图.rvt"。

2）打开要导出的视图，如在项目浏览器中展开"图纸（全部）"项，双击图纸名称"建施-101-首层平面图二层平面图"，打开图纸。

3）单击菜单栏"文件"-"导出"-"CAD格式"-"DWG 文件"命令，打开"导出 CAD 格式"对话框，按图示内容设置（如图

9-20 所示）。

4）依次单击"DWG 属性">"图层和属性"后的浏览按钮 🔲（如图 9-21 所示），打开"导出图层"对话框（如图 9-22 所示），进行相关修改后点击"确定"。

（1）"导出图层"对话框中的图层名称对应的是 AutoCAD 里的图层名称。以轴网的图层的设置为例，向下拖拽，找到"轴网"，默认情况下轴网和轴网标头的图层名称均为"S-GRIDIDM"，因此，导出后，轴网和轴网标头均位于图层"S-GRIDIDM"上，无法分别控制线型和可见性等属性。

（2）单击"轴网"图层名称"S-GRIDIDM"

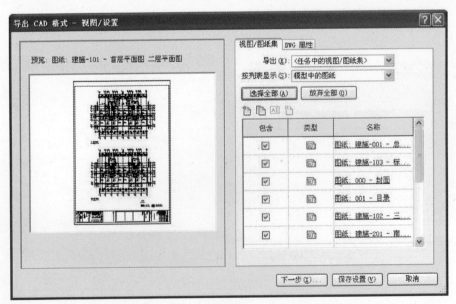

图 9-20

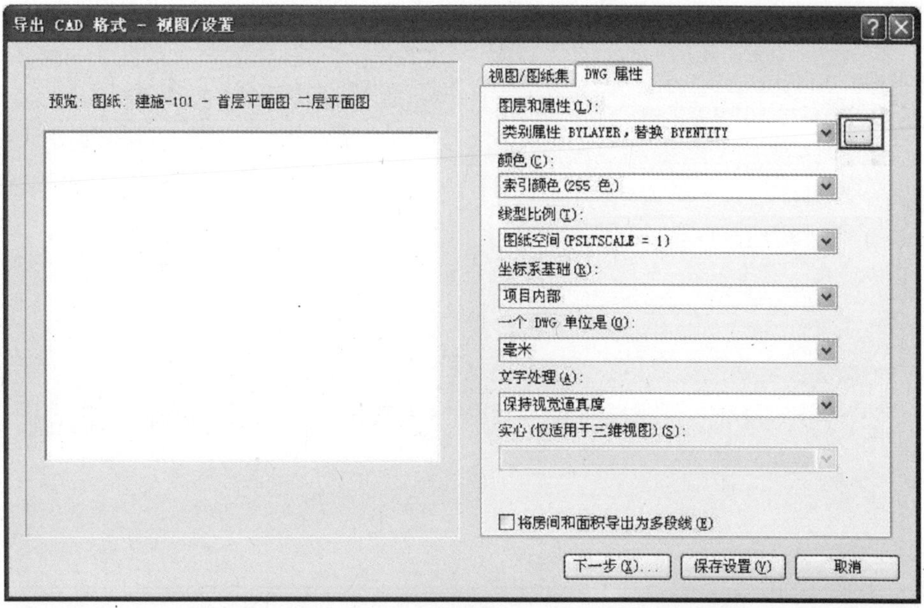

图 9-21

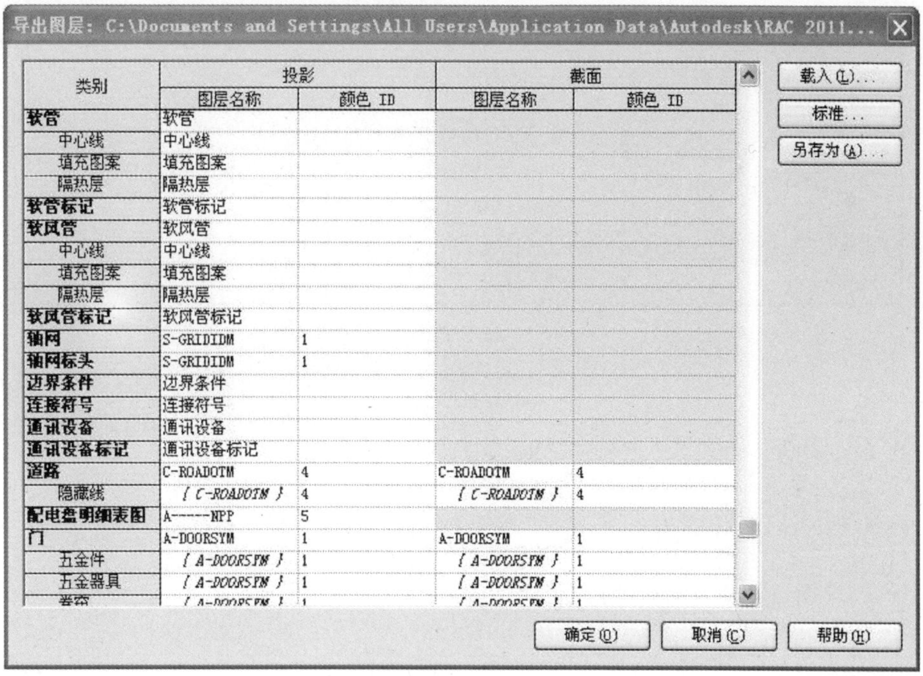

图 9-22

输入新名称"AXIS",单击"轴网标头"图层名称"S-GRIDIDM"输入新名称"PUB_BIM"。这样,导出的 DWG 文件,轴网在"AXIS"图层上,而"轴网标头"在"PUB_BIM"图层上,

符合我们的绘图习惯。

(3)"导出图层对话框"对话框中的颜色 ID 对应 AutoCAD 里的图层颜色,如颜色 ID 设为"7",导出的 DWG 图纸中该图层为白色。

注意

Revit 的图层导出文件为独立 TXT 文件，例如系统自带 exportlayers-dwg-ISO13567.txt；用户可修改图 9-22 内的颜色 ID，并"另存为"自定义标准，如"柏慕导出图层 .txt"，以后通过"载入"该文件加载自定义标准。

5）在"导出 CAD 格式"对话框，点击"下一步"，在弹出的对话框（如图 9-23 所示）上部"保存于"下拉列表中设置保存路径，单击"文件类型"后的下拉箭头，从下拉列表中选择相应 CAD 格式文件的版本，在"文件名／前缀"后输入文件名称。

6）点击"确定"，完成 DWG 文件导出设置。

图 9-23

附录1 BIM应用现状概况

著名的未来学家尼葛洛庞帝曾这样描述我们的未来世界："信息的DNA正在迅速取代原子成为人类生活中的基本交换物。'大众'传媒正演变成个人化的双向交流，信息不再被'推给'消费者，相对人们或他们的数字勤务员将它们所需要的信息'拿过来'，并参与到创造他们的活动之中。"

从计算机绘图到协同设计，再由目前的建筑信息模型（BIM）到未来的数字城市，我们的设计模式在经历着一步又一步具有里程碑意义的变革。如今，建筑信息模型（BIM）作为一种新型的设计手段，在这一场全球性的变革中得到了迅速的发展。

建设部信息化专家李云贵先生对我国建筑业信息化的历史归纳为每十年解决一个问题，十五——十一五（2001–2010）期间，解决计算机辅助管理问题，包括电子政务（e-government）、电子商务（e-business）、企业信息化（ERP）等。十一五结束之后，建筑业信息化行业就目前发展趋势分析，BIM作为建设项目信息的承载体，作为我国建筑业信息化下一个十年横向打通的核心技术和方法已经没有太大争议。

据相关调查结果显示，目前北美的建筑行业有一半的机构在使用建筑信息模型（即BIM，Building Information Modeling）或与BIM相关的工具——这一使用率在过去两年里增加了75%。美国基于IFC标准制定了BIM应用标准——NBIMS，成为一个完整的BIM指导性和规范性的标准，美国各个大承包商的BIM应用也已经成为普及的态势。

美国斯坦福大学整合设施工程中心（CIFE）根据32个采用BIM的项目总结了使用建筑信息模型的一系列优势；美国Letterman数字艺术中心项目在2006完工时表示，通过BIM她们能按时完成，并且低于预算，估算在这个耗资3500万美元的项目里节省了超过1000万美元；英国机场管理局利用BIM削减了希思罗5号航站楼10%的建造费用。

在其他国家，例如同为亚洲国家的日本，BIM应用也已开始，其优势早已初现端倪，日本某建筑类杂志曾将2009年定义为日本的"BIM元年"，BIM应用正在全球范围内迅速扩展。在中国，BIM技术也开始逐渐被各大设计院运用到项目中。目前，建设部院、中建国际、清华大学设计研究院、华通等一大批国内领先的设计院纷纷成立BIM小组。2010年6月，由全球二维和三维设计、工程及娱乐软件领导者欧特克有限公司与中国勘察设计协会共同举办的"创新杯"——建筑信息模型（即BIM，Building Information Modeling）设计大赛圆满结束，共收到来自全国范围46个单位的147个作品，其中包括世博文化中心、国家电力馆、上汽通用企业馆、上海案例馆、奥地利馆等。此外，中国商业地产协会也成立BIM应用协会，某些地产商已经开始了BIM技术的应用。

工欲善其事，必先利其器。目前，许多建筑师怠于学习、钻研新技术，部分设计院掌握了一些BIM技术的应用也是秘而不宣不愿授之于人。面对BIM技术的一系列优势及其全球普及应用趋势，BIM咨询及培训体系应运而生。

北京柏慕进业工程咨询有限公司是一家专业致力于以BIM技术应用为核心的建筑设计及工程咨询服务的公司。公司以绿色建筑设计咨询、二维和三维的协同设计体系、BIM 云计算为主要业务方向，其中包括柏慕培训、柏慕咨询、柏慕设计、柏慕外包等四大业务部门。

柏慕作为教育部行业精品课程 BIM 应用系列教材的编写单位，Autodesk Revit 系列官方教材编写者，除了本次编写的《柏慕培训 BIM 与绿色建筑分析系列教程》共三本之外，还组织编写了数实战应用十本 BIM 和绿色建筑的相关教程。

目前，在全国各大高校里开办 BIM 技术相关必修课、选修课的高校已有天津大学、华南理工大学、华中科技大学、大连理工大学等 90 余所。此外，建筑学科专业指导委员会自 2006 年开始，每年举办一次 Revit 大学生建筑设计大赛，得到了广大建筑专业学生的积极响应和参与。

同时，柏慕长期致力于 BIM 技术在高校的推广，在学生与设计单位之间搭建就业互通桥梁，让每一个柏慕学员都能凭借其独特的竞争优势，在柏慕的推荐下进入国内一流的设计院，迈出理想的第一步。

在柏慕培训毕业的历届学员凭借其在柏慕三到六个月的实战培训，拥有了扎实的 BIM 技术功底和丰富的 BIM 实战经验，大都被推荐就业于国内一流的设计院，如建设部院、清华大学设计研究院、中建国际、华通……目前，柏慕已与国内数十所国内领先的设计院签订了《BIM 人才定向培养服务协议》，为其输送优秀的 BIM 人才。

柏慕的另一大业务部门柏慕咨询以其多年的技术经验积累，帮助全国数十家设计院、地产商、总承包商完成了近百个技术领先的 BIM 应用项目的咨询设计服务，帮助客户将 BIM 技术的优势转化成生产力，在项目中得到了卓有成效的应用。同时，柏慕也将这些咨询服务经验和技巧总结转化成柏慕培训课程及 BIM 应用咨询服务体系。

凡购买此书者可登陆柏慕网站（www.51bim.com）"柏慕教程回馈专区"（http://www.51bim.com/showtopic-2051.aspx）下载填写读者反馈表并发送至 51bim@51bim.com，即可获得 100 柏慕币换取相关 revit 族库及其他珍贵学习资源。

附录2　柏慕中国咨询服务体系

一、BIM和绿色建筑应用体系

体系一：建筑施工图体系

Revit 绘制建筑施工图的优点

1）各构件间的关联性。平、立、剖面、明细表双向关联，一处修改处处更新，自动避免低级错误。

从开始的方案设计，初步设计再到最后的施工图设计，项目在不断的产生变化，设计图纸需要经常性的修改。因此，在接受构件、设备等其他专业的反馈信息的同时，在建筑图中快速做出修正和变动也是必不可少的。

在繁琐的修改过程中，CAD 绘制的图纸时常出现平、立、剖面不对应等类似的低级错误。然而 Revit 由于其关联性的优势，使修改变得异常的高效、便捷。在平、立、剖面的其中一个面作出修改后，其他两面自动作出相应调整。这种对象与对象间的关联性使得建筑师的工作效率大大提高。

2）建筑设计不仅是一个模型，也是一个完整的数据库。可以导出各种建筑部件的三维尺寸，并能自动生成各种报表、工程进度及概预算等，其准确程度与建模的精确程度成正比。

3）具有及时更新能力。Revit 依赖族创建的模型，当修改其中一个构件时，所有同类型的构件在所有视图里全部自动更新，节约大量人力和时间。

Revit 绘制建筑施工图的问题

1）虽然 Revit 在设计方面具有很大的优势，但由于国际标准和国内标准之间存在一些差异，需要做一些本地化的定制工作，此项工作需要对 revit 有较高的熟悉程度和全面的了解。

2）Revit 的使用在施工图阶段，建筑专业需要与其他专业配合，即导出 CAD 图后统一图层标准和出图线宽等设置，这一环节也需要一定的项目经验和图层定制整理等工作。

3）Revit 的绘图方式建立在"族"的调用及其参数设置上，才能更快的提高设计效率。由于"族"的库有限，需要不断地下载完善，缺少的地方只能自己来做，无形中给设计师们加大了工作量。而族库的积累和制作是需要时间和经验的。

柏慕的优势

针对 Revit 现阶段绘制施工图的问题制定了一套完整的体系，解决了以上提到问题。

1）为客户提供符合当地及本企业施工图出图标准的定制服务；

2）通过导出图层设置以及导出图纸技巧，再将二维协同与三维协同设计相结合以实现 Revit 建筑专业与 CAD 结构及设备专业的协同设计。

3）针对族文件的完善，柏慕同样有一套属于自己的族和样板的制作及管理体系。

【成功案例】

1）天津某高层住宅项目

项目介绍：

该项目总用地约 1.78 公顷，规划可用地约 0.96 公顷。地上总建筑面积：4.36 万

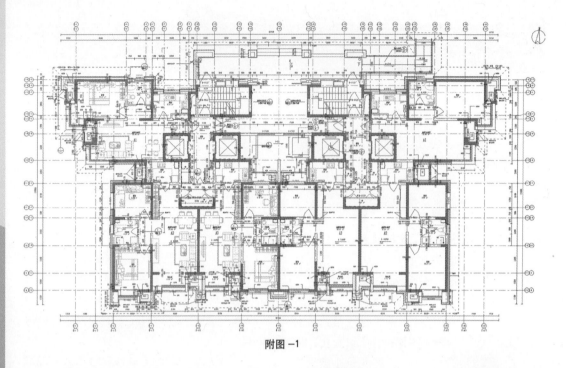

附图—1

平方米，地下建筑面积 0.75 万平方米。小区建筑性质为居住式公寓，其中包括 3 个高层居住式公寓、1 个配套公建（商业和会馆）及非经营性配套。人口规模为 1254 人，规划户数为 448 户。

本次报建建筑包含 2 个 29 层高层，及 1 个 25 层高层和 1 个三层公建。总建筑面积 51100 平方米，地上建筑面积：43600 平方米。

客户需求：

完成地上部分建筑施工图，提交 Revit 模型文件及图纸文件，导出 CAD 图纸供其他专业使用。

2）某联排别墅项目

项目介绍：

该项目规划用地面积为 47800m²，总建筑面积为 29129.7m²。

客户需求：

用 Revit 完成建筑全套施工图。

3）某异型会所项目

项目介绍：

该项目地下 1 层为设备用房，一层、

附图—2

二层为办公、洽谈等，三层夹层办公，总建筑面积为 1245.71m²，其中地下面积为 292.57m²，地上面积为 953.14m²。

客户需求：

（1）利用 Revit 完成建筑施工图；

（2）利用 Ecotect 对其进行能耗分析。

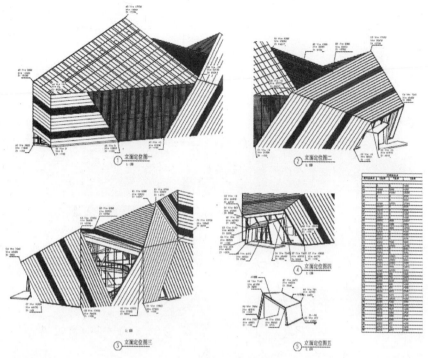

① 立面定位图一 1:100   ② 立面定位图二 1:100

③ 立面定位图三 1:100   ④ 立面定位图四 1:100

⑤ 立面定位图五 1:100

附图－3

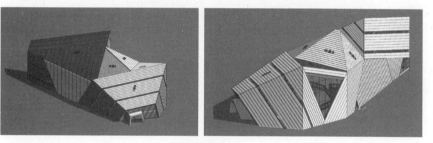

附图－4

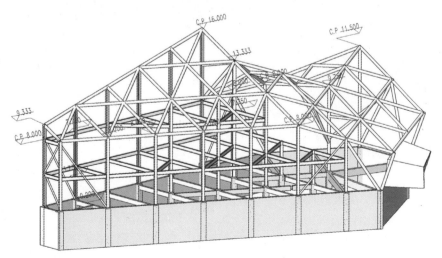

附图－5

4）成都某异型别墅设计

项目介绍：

本工程由 A，B，C，D 四种户型的异型别墅组成。别墅群绕湖而建，风景优美，所以在建筑方案设计上充分考虑地形条件。

客户需求：

（1）运用 Revit 完成四个异型别墅的建筑施工图；

（2）搭建四个户型的水暖电模型并进行碰撞检查。

附图 −6

体系二：BIM 绿色建筑分析体系

建筑的可持续发展，不仅是对建筑环境工程师、建筑设备工程师的挑战，更重要的是对建筑师的挑战。绿色建筑的一个基本特征就是节约能源，降低能耗。在决定建筑能量性能的各种因素中，建筑的体型、方位及围护结构形式起着决定性作用，直接的影响包括建筑物与外界的换热量、自然通风状况和自然采光水平。而这三方面涉及的内容将构成 70% 以上的建筑采暖通风空调能耗。因此建筑设计对建筑的能量性能起着主导作用。不同的建筑设计方案，在能耗方面会有巨大的差别。单凭经验或者手工计算，很难正确判断建筑设计的优劣。应用 Revit Architecture 与 Ecotect Analysis 绿色分析软件，通过二者之间数据的直接交换，完成从概念设计到施工图不同阶段的可持续设计，使绿色设计有可信服的数据支撑，并同时完成绿色设计方案优化。

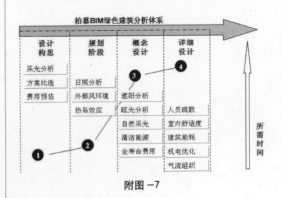

附图 −7

【成功案例】

1）某援疆住宅项目

某援疆住宅项目位于新疆和田地区，通

过应用 BIM 绿色建筑分析手段，和田地区的太阳辐射量非常丰富，因此充分利用太阳能可以有效节能减排。在和田地区南向开窗较大，且外墙保温较好，在充分利用太阳能的前提下，可以大幅提高室内热舒适度。

2）某异型会所绿色分析

主要通过软件模拟真实环境，在一年中的能量消耗，保证从方案阶段开始，就始终

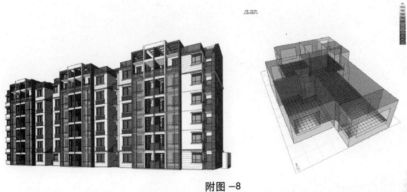

附图－8

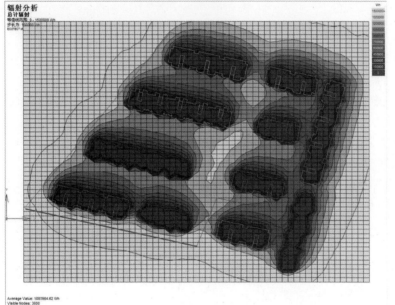

附图－9

附图－10

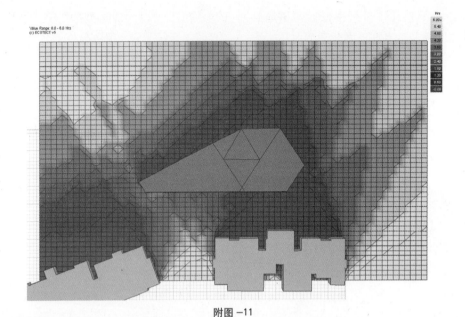

附图—11

将环保，绿色，低碳，节能的概念贯穿设计全过程。

3）灾后重建

应用BIM建筑信息模型的技术，成功解决了该项目在经济性、多样性、抗震、快速大量建造等方面的问题，为汶川地震灾区提供一个可选的重建方案。

4）某国际竞赛项目

项目介绍：

场地位于辽宁本溪市

建筑面积：3021m²

功能：教室、会议室、食堂、办公室等

通过应用BIM绿色建筑分析手段，完成最终的绿色设计优化方案：

改进了遮阳设计

通过增加庭院，改善了室外风环境

改进了拔风烟囱的设计

改进了日光房的设计

改进了自然采光设计

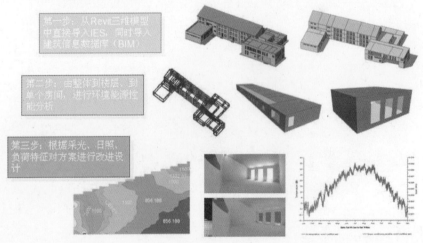

附图—12

体系三：单元式住宅

单元式住宅，是目前在我国大量兴建的多、高层住宅中应用最广的一种住宅建筑形式。

其基本特点有：（1）重复利用的单元；（2）变化的组合单体；（3）可以标准化生产，造价经济合理。

针对此类型住宅项目，在Revit Architecture软件中根据项目规模、户型种类及其不同组合形成，通过组或者外部链接的方式来绘制。通过这两种方式来完成标准户型或者标准单元的创建，极大提高设计效率，减少专业内部及专业之间大量重复性制图及修改工作。例如一个住宅小区里通常是通过户型组成单元，再由单元的组合形成了单栋楼，住宅单元是构成住宅单体，住宅组团和住宅小区的基本单位。针对BIM三维设计的特点，利用单元链接的方法，此单元上包含了完整的施工图信息，用这样的方式来处理此类项目大大地提高了效率。

【成功案例】

1）某联排别墅项目

项目介绍：

该项目规划用地面积为47800m²，总建筑面积为29129.7m²。

客户需求：

用Revit完成建筑全套施工图。

2）天津某住宅项目

项目介绍：

本项目总用地面积：514132.6m²，本次规划设计建设用地面积：78804.4m²，住户：1236户，住宅类型主要有一梯四户的高层和一梯两户的多层。

甲方需求：

按照甲方出图标准用Revit完成全套建筑施工图。

3）某援疆住宅项目

项目介绍：

该项目位新疆和田市棚户区改造9号

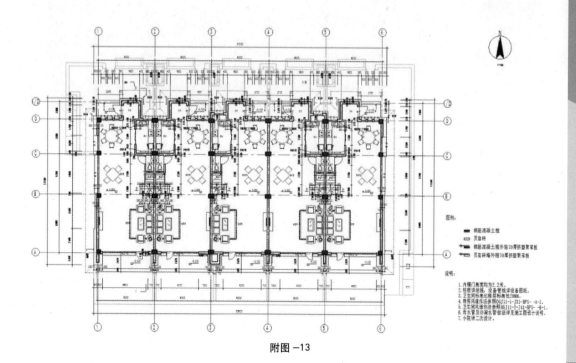

附图-13

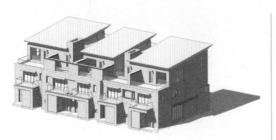

附图 —14

片区，小区共有住宅楼 8 栋，均为 6 层普通住宅，层高 2.8m，1 梯 2 户，共有两种户型。

客户需求：

根据甲方要求需要在两天的时间内提交以下图纸作为汇报展示：

（1）住宅楼　图纸表达；

（2）小区 四维施工模拟；

（3）单体 四维施工模拟；

（4）室内效果图纸表达及漫游动画；

（5）小区全景效果图纸及漫游动画；

（6）住宅管道效果展示及错误检查；

（7）绿色建筑分析；

（8）Navisworks 实时漫游动画。

附图 —15

附图 —16

体系四：工业化预制建筑

工业化建筑体的特征为建筑设计标准化、构配件生产工厂化、施工机械化和管理科学化四个方面。它具有能够加快建设速度、降低劳动强度、减少人工消耗、提高施工质量，彻底改变建筑业的落后状态。除此之外工业化的建造方式同时能够为资源消耗现状作出贡献。

通过BIM的参数化及标准化模式，将标准化的构件进行统一、归并、简化，并且能够把所有构件的尺寸准确定位，优化减少构件类型，同时还能精确统计整个施工的造价及材料信息。

模块化定义

通过对某一类产品系统的分析和研究，把其中含有相同或相似的功能单元分离处理，用标准化的原理进行统一，归并，简化，以通用单元的形式独立存在。这就是分解而得到的模块，然后用不同的模块组合来形成多种产品。这种分解和组合的全过程就是模块化。

新产品（系统）=通用模块（不变的部分）+专用模块（变动的部分）

——《模块化原理设计方法及应用》

模块化应用

在 Revit Architecture 软件中，应用幕墙系统来进行模块化设计可以简化设计流程，还可以根据统计的工程量提高施工效率。按照所需划分网格后，可以利用替换嵌板的方法来设置通用模块和专用模块，然后组合起来形成新的房间，便于大规模集成化设计。

例如：在需要铺设规格板的洁净厂房里，很多房间都有相似之处，应用模块化设计可以简化设计流程，还可以根据统计的工程量提高施工效率。

【成功案例】

1）天津某洁净药厂项目

项目介绍：

该项目总建筑面积：$20000m^2$；功能：洁净厂房、会议室、加工车间、办公室等；根据甲方需求，选择 M4 作为试点项目进行预置模块化设计。

客户需求：

运用模块化设计来完成 M4 模型搭建及图纸输出。由于房间是幕墙系统组成的，可以根据嵌板的类型在明细表中统计各种房间信息，称为 ROOM DATA，包括：房间的工程量统计，颜色方案等内容。

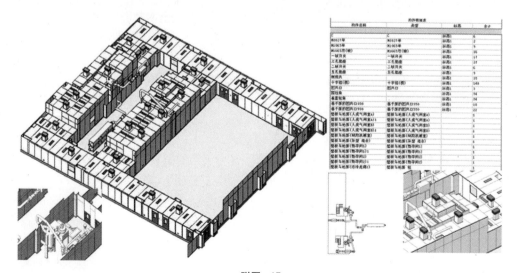

附图-17

附录2　柏慕中国咨询服务体系

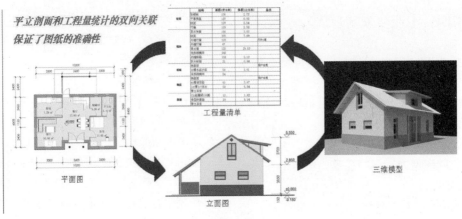

平立剖面和工程量统计的双向关联
保证了图纸的准确性

工程量清单

平面图

立面图

三维模型

附图—18

一层建筑面积：70.44m²　　二层建筑面积：37.58m²　　总建筑面积：107.99m²

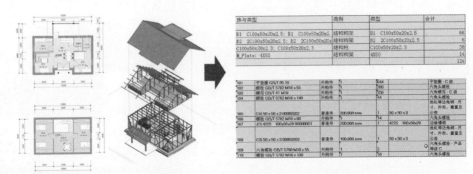

附图—19

2）某工业化住宅项目　｜　3）灾后重建装配式住宅

体系五：大项目协同设计体系

大型项目形式复杂，工作量大，不可能由一个人来单独完成，因此团队内部如何有机配合是一个重点。利用 REVIT 中的"工作集"功能，可以解决多个人同时进行一个项目的工作问题。

建筑整体形态确定以后，大量的建筑细部设计便展开了，Revit 提供了工作集的功能，工作集的划分灵活性很大，BIM 团队可以根据具体项目对工作集做不同的划分。比如建筑师可将室外环境、建筑内墙、建筑外墙、楼梯、楼板、屋面、装饰等分为不同的工作集。团队成员便可以同时工作，而且可

以随时上传至中心文件，其他成员便能直接看到建筑物的即时状态，就好比一个空箱子，每个人都不停地向里面投球，大家随时随刻可以看到箱子的状态。因此合理利用 Revit 中工作集功能，在大型项目上相互之间的配合变得轻松，大大提高项目组的工作效率，减少协调成本。

【成功案例】

1）某城市综合体初步设计

此项目由商业、建筑立面、公寓和天幕四个主要部分组成。商业面积达 60000 平方米，公寓楼高 100 米，面积达 40000 平方米，天幕以钢为结构，每片叶子造型犹如雕塑，

天幕净高 20 米，宽 80 米，长约 340 米贯穿整个商业街上空。

2）天津某酒店

此项目采用中轴对称和南北朝向整体建筑风格为中式古典风格。规划用地为 103808.7 平方米，地上总建筑面积 87.696 平方米，一期建筑容积率 0.79，主体建筑二层至五层。

体系六：工业建筑设计体系

Revit Architecture 作为一种三维信息化的建筑设计软件，功能全面，在工业建筑设计的专业领域方面也能全面达到建筑设计的实际需求。应用者可以根据工业建筑设计的特点和要求，完成在建模、节点详图、图纸及视图组织等各方面设计内容。

工业建筑设计的范畴及特点

工业建筑设计的原则是十足的功能主义，根据不同的工艺要求，建筑的特征也各不相同。其中有一些工艺简单、要求的尺度及空间接近于民用建筑的工业建筑，设计师在进行设计处理时可以较多的借鉴民用建筑设计的特点，从设计软件的研究方面，可以把它们归纳到民用建筑设计之列。而在更多其他类型的工业建筑设计中，设计师则需要面对与民用建筑大为不同的技术要求：不同的空间尺度、不同的结构形式、不同的交通组织形式、不同的采光通风要求。面对这些与民用建筑差异很大的工业建筑，设计师们更需要一种更专业的满足工业建筑设计要求的设计软件。Revit Architecture 则向这样的设计师们提供了这样一个良好的设计平台，为设计师解决工业设计中的问题提供了帮助。

Revit Architecture 进行工业建筑设计的优势

1）全面的图纸视图表达功能

工业建筑图纸当中，对于图纸中要表达对象的多种要求，通过用户的定制，可以在 Revit Architecture 中实现完美的表达。

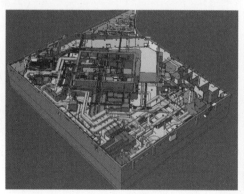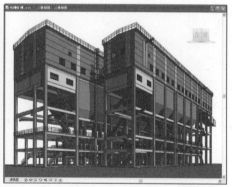

附图 —20

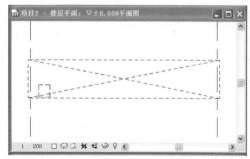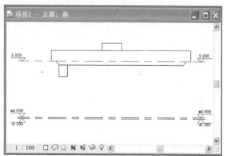

附图 —21 ——吊车族在平面视图与立面视图中的不同显示

2）标准、参数、模块化设计的强大工具—族

用户对族的制作，可以完成在工业建筑设计中对建筑及结构构件的参数化定制工作，同时最大限度地拓展了 Revit Architecture 的应用范围。

工业建筑虽然没有民用建筑那样丰富多彩的建筑体形和外观，但却存在着多种多样的功能形式，组合复杂的模块化内部构件。针对工业建筑的特点，对于设计软件来说，其中专业模块化的设计功能必须强大、适应范围必须广泛，这样才能广泛地应用到各行业的工业建筑设计当中。

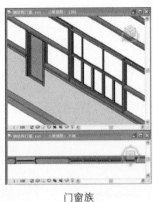　　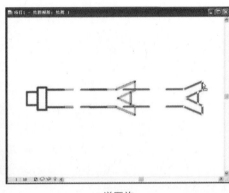

| 门窗族 | 双肢柱族 | 详图族 |

附图 −22

体系七：族和样板文件的制作及管理体系

在 Revit 中族是其核心，它贯穿于整个设计项目中，是最基本的构成单元。整个项目的实现都是通过族来实现的，要想真正掌握 Revit 必须先掌握族，只有先掌握了族才能说对整个软件有所了解，才能在项目设计中把自己的设计意图完整地表达出来，才能把软件的功能最大地发挥出来，才能真正地提高设计效率。

对于使用 Revit Architecture 的中国建筑师来说，安装程序所提供的系统样板文件会不符合国内设计制图规范，应用者从各种渠道获得的国标样板也会与自己所在设计单位的一些要求或设计师的个人习惯有或多或少的差异。尽可能地改变和缩小这些差异就是样板文件定制的目标之一。

存在问题

1）"族"的调用及其参数设置上，有其利自然有其弊。由于"族"的库有限，需要不断地下载完善，缺少的地方只能自己来做，无形中给设计师们加大了工作量。

2）设置样板文件需要大量的积累以及时间来作测试，并且需要考虑全面。

柏慕的优势

提供系统的族制作及样板文件规划流程培训，满足客户实际使用需求。

1）项目的积累使得柏慕的族库相当全面，每一个族文件都是经过专业 BIM 技术人员测试，严格参照专业图纸来创建，并且为每一个族文件制作一个族说明。

2）根据设计阶段将样板文件分为方案设计阶段、施工图设计阶段；根据项目特点将样板文件分为景观、室内设计等。无论定制何种类型的样板文件总是存在着一些固定的工作需要做，其中一些是共性的问题，例如门窗表、建筑面积的统计、建筑装修表、图纸目录等等，根据不同设计项目的特点和要求，把上面这些重复性的工作在项目样板

文件里就预先做好，就可以避免在每个项目   设计效率。
设计中重复这些工作，从而提高设计质量和

柏慕族库（网络资源）：

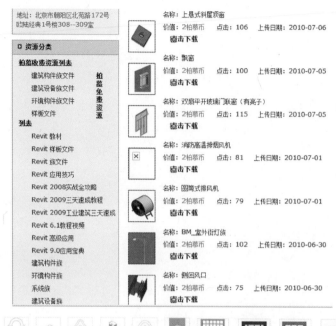

附图－23

族统计及说明：

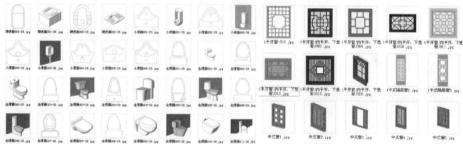

附图－24

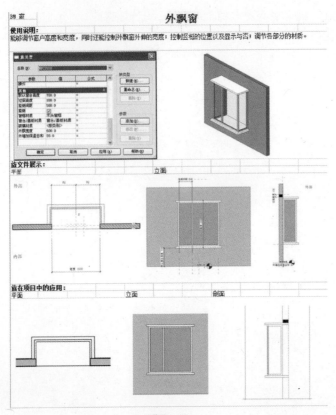

附图—25

样板文件本地化标准：

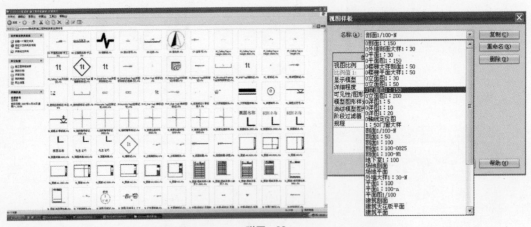

附图—26

体系八：管线综合及四维施工模拟

工程上的管线综合是通过 Revit 系列软件和 Navisworks 软件的结合实现的。Revit

MEP 是一款能够按照您的思维方式工作的智能设计工具。它通过数据驱动的系统建模和设计来优化建筑设备与管道（MEP）专业工程。在工作流中，借助 Revit MEP，可以与使用 Revit Structure 软件的结构工程师以及使用 Revit Architecture 软件的建筑工程师进行全面的设计与制图协作，最大限度地减少设备专业设计团队之间以及与建筑师和结构工程师之间的协调错误，可以在设计早期发现建筑设备与建筑设计、结构设计之间的潜在冲突，从而节约成本。

Navisworks 四维的施工模拟。在 4D 环境中对施工进度和施工过程进行仿真，以可视化的方式交流和分析项目活动，并减少延误和施工排序问题。4D 模拟功能通过将模型几何图形与时间和日期相关联来制定施工或拆除顺序，从而支持您验证建造流程或拆除流程的可行性；从项目管理软件导入时间、日期和其他任务数据，以此在进度和项目模型之间创建动态链接；制定预计和实际时间，直观显示计划进度与实际项目进度之间的偏差。

【成功案例】

1）某综合楼 MEP 项目

该项目通过 Revit 搭建模型，导入到 navisworks，勾选所需要检查碰撞的模块，进行碰撞检查，输出报告。

2）天津某药厂项目

该项目要求从 CAD 施工图翻成 Revit 三维模型，完成信息模型的搭建，包括暖通模型图，电气模型图，给排水模型图，消防模型图。再由 Revit 导出到 Navisworks，进行可视化处理、碰撞检查及 4D 施工模拟。

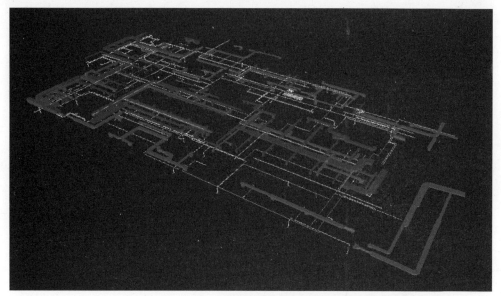

附图—27

附图—28

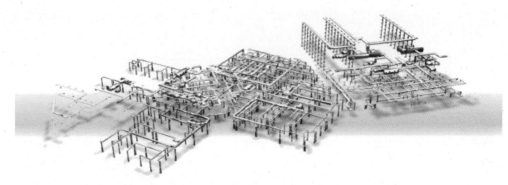

附图 −29

附图 −30

3）北京某住宅小区一期地下车库管线综合

本工程总建筑面积 8982.27m²。要求从 CAD 施工图翻成 Revit 三维模型，完成信息模型的搭建，包括暖通模型图，电气模型图，给排水模型图，消防模型图。再由 Revit 导出到 Navisworks，进行可视化处理、碰撞检查及 4D 施工模拟。

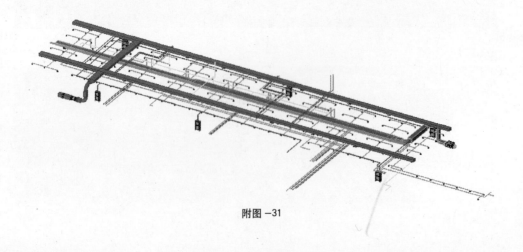

附图 −31

附图 -32

其他体系：室内设计

Revit Architecture 软件为室内设计师提供了一个用于概念设计、扩初设计、可视化、渲染和文档制作的统一环境，而无需花费更多精力或复制模型信息。Revit 参数化建筑建模器能够在项目相关的所有表现方式和备选设计方案间协调这些信息，从而让设计师及其客户对室内设计文档和信息的精确性和可靠性倍感放心。

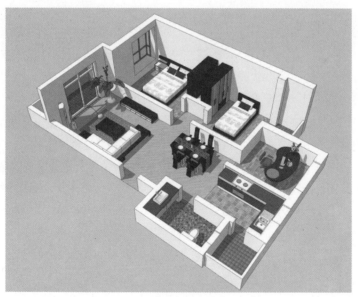

照明设备明细表				
族与类型	型号	瓦特	制造商	合计
古典吊灯 2: 类型 1		150 W		4
台灯 1: 60 瓦白炽灯		120 W		6
嵌套灯: 50瓦		9 W		16
嵌套线性光源: 嵌套线性光		17 W		1
工作台灯: 20 瓦 U 型荧光灯		20 W		1
暗灯槽 - 抛物面正方形: 600		40 W		2
总计:				30

附图 -33

对于室内设计师、建筑师和其他建筑设计专业人员而言，建筑信息模型不仅是构思和交流设计的强大工具，同时也是赢得室内设计业务竞争的有利优势。

室内设计师都可以从 BIM 中可以获得以下主要优势：

1）快速、轻松地创建室内设计模型，并实现设计的可视化。

2）查找和管理一个模型中的多个设计选项——这些方案可能在空间布局、材料选择等任何方面有所差别。

3）利用建筑信息模型中丰富、可靠的数据。从最初制定空间规划和总明细表（master schedule），到详图设计阶段精确的材料算量和成本预算，再到最后生成协调一致的文档，这一点都非常重要。

家具明细表			
族与类型	制造商	成本	合计
M_厨房水槽-单: 760 x 535 mm			1
书柜: BS 3020 W1600*D450*	Livart		1
双门衣柜: 双门衣柜 1680			2
台面-L形, 带水槽: 600mm			1
床02: 1300 x 1901			1
床02: 1800 x 1900			1
床03: W1200*D1900			1
底柜-单门: 500 mm			1
底柜-单门, 带滑动抽屉: 03			2
底柜-双门先漆台: 1000 mm			3
排风罩: 600 x 490 mm			1
木茶几: 木茶几,44" x 20"			1
椅子1: 540x460x880 mm			1
椅子03: 餐椅(430*530*920)			4
沙发01: W1100*D870*H920			1
沙发02: W2060*D870*H920			1
液晶电视: W1028*D89*H660			1
滚筒洗衣机: W*600*D600*H8			1
炉灶面-2套: 305 x 457 mm			1
电冰箱: 600 x 660 mm			1
电脑桌-103: DNZ13261			1
餐桌: 800 x 1400 mm			1
总计:			29

附图—34

二、协同设计体系

CAD/BIM 设计协同工作模式：简单地说就是将设计文件放在公共的平台上、执行共同的 CAD/BIM 标准进行协同设计。这种工作方式得以实现一是要靠标准约定，二是要有公共平台 – IT 网络和公共服务器或数据中心。设计协同工作模式对设计企业具有以下战略意义：

公司战略层面

1）提升整体设计质量和效率，提升企业的核心竞争力

2）有利于企业标准化和制度化建设，规范员工职业化行为

3）创造开放、积极、合作的企业文化，促进员工的技术交流和经验交流

4）提升企业设计工作平台和国际化形象，与国际先进设计技术与设计团队接轨

设计业务管理层面

1）减少专业内部及专业之间大量重复性制图及修改工作；

2）避免重复位置修改过程中的遗漏；

3）避免专业图纸之间基本信息的不一致

4）增强专业之间的信息沟通的及时性、强制性和互动性，及时发现并更正设计错误

5）设计人员以协同工作模式可将各专业及各阶段的配合即时地深入到设计过程中，提高设计人员的综合协同工作能力；

6）将专业间的配合问题更多地转化为专业内的问题，有的放矢地加强专职校审的责任；

7）为传统的二维设计转入革命性的BIM 设计时代做好基础。

柏慕协同设计咨询

柏慕的协同设计咨询包括以下内容：

1）协助搭建 BIM/CAD 协同工作管理团队；

2）协助建立协同设计的 IT 框架（域文件存储服务器）；

3）定制企业级 CAD /BIM 标准、制度、操作规程；

4）起步阶段以具体项目，全程指导协同设计操作；

5）CAD/BIM 应用技巧培训。

三、BIM和云计算

BIM 设计时代对 IT 提出了新的挑战：一是对硬件运算速度的要求越来越高，相应的是硬件更换、更新成本给企业带来沉重的设备更新资金压力；二是 BIM 协同设计贯穿于建筑全生命周期的各个阶段、容纳了各个参与方（顾问公司）的不同设计任务，理想的设计协同是不受时间和地域的限制"即时协同"。

BIM 云为应对上述挑战的完美解决方案。

BIM 云特点

1）所有设计文件放在云虚拟存储服务上，方便调用，同时便于安全维护；

2）所以设计人员通过远程桌面控制接入云工作，才能实现真正意义上的实时的、不受地点限制的协同工作；

3）HPGW（高性能图形工作站云）上安装标准设置的应用程序，应用程序标准化得以实现，同时有利于加载、更新标准设项目设置；

4）个人计算机仅作为接入云工作站的设备，无需安装各种应用程序，随用随取；

5）VAN 网络仅作为接入云工作站的条件，一旦接入云，即不受网速限制。

BIM 云应用效益

1）经济性—极大降低 IT 硬件投入和维护运营成本，整合 IT 资源：

• 设计人员多人共享 HPGW（高性能图形工作站云）；

• 数据中心整合，IT 维护整合。

2）实效性—迅速提升 BIM/CAD 的运行速度：

• 高性能图形工作站上运行 BIM/CAD 相关大型应用程序；

• 动态流量调整、整合"闲置"运算能力。

3）更趋完善的协同工作平台：

• 标准化应用程序设置；

• 方便灵活地运行应用程序；

• 不受地域限制的即时协同工作；

• 安全连续的设计工作（不受 PC "系统崩溃"的影响）。

柏慕 BIM 云计算咨询

柏慕的 BIM 云咨询包括以下内容：

1）协助建立 BIM 云 IT 框架（企业内部私有云）；

2）远程协助管理和维护云计算中心；

3）BIM 云上 SAAS 服务：包括样板文件、族、BIM 工具或插件、培训等。